中不可或缺的工具，也是傳達品味與態度的媒介，更會引發無可救藥的病症……

STYLE TOKYO

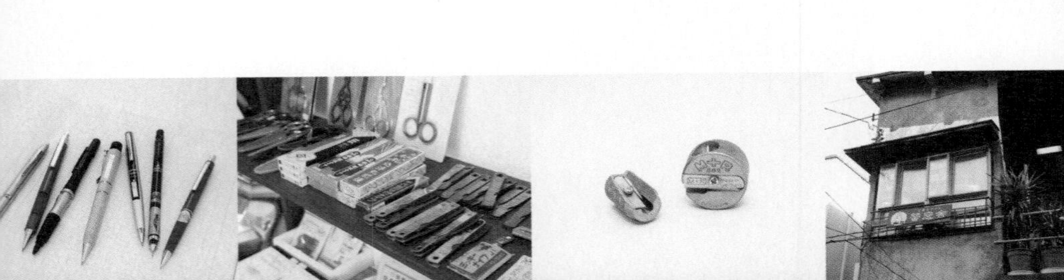

愛文具、玩文具、品文具，
以文具傳達生活態度的25種可能

文具生活家
沈昶甫（Tiger）◎著

CONTENTS

01

文具病——打造自己的生活態度

印象中，我從染上文具病開始到現在未曾痊癒過，雖然中途有一陣子病況減輕，但隨後又加重不少，甚至還開了一個部落格，意圖傳染給更多人……

同樣都是鋼珠筆，但是依使用場合選擇也不同。

舊書刊是重要參考資料，但光是舊書的蒐集就很不容易。

我相信每個人都曾喜歡過文具，只不過有的人是在兒童時期喜歡上它，有的人則是在青少年，或是成年時期。此外，喜歡文具的時間長短也因人而異。或許有些人只是三分鐘熱度，但也可能成為另一些人一輩子的興趣。還有一些人是一陣子的熱中，本來喜歡但漸漸失去興趣，過一陣子又突然愛上它。這麼看來，文具彷彿是一種病，好比說感冒一樣，染上病毒，輕則快快痊癒，重則病上好長一段時間；有的人幾乎不太染病，但有的人卻時常掛病號。

文具病的染病模式不僅與感冒很像，就連病毒也同樣有多種變形。有的人中了「鉛筆病毒」、有的人則是「手帳病毒」。除了這些歷史較悠久的病毒以外，新病毒也不斷出現，例如最近幾年造成大流行的「紙膠帶病毒」。有時候剛從某種病毒中痊癒，卻又染上其他病毒，同時染上多種者亦不少見，「文具病」真的令人防不勝防。

印象中，我從染上文具病開始到現在未曾痊癒過，雖然中途有一陣子病況減輕，但隨後又加重不少，甚至還開了一個部落格，意圖傳染給更多人（笑）。為什麼文具如此吸引人？我覺得這與文具是人類生活中最常接觸的道具之一有關。

所謂道具，是指能夠幫助我們完成工作的器具。木工師父有鋸、鑿、鎚、鉋等道具，而專業廚師擁有不同用途與大小的各式刀具。然而，若非專業人員應該不會收集相關道具，但文具就不同了！不論職業、年齡、性別，它可說是我們生活上最常使用的道具，甚至也是最早接觸、使用最久的道具。如同專業人士注重道具的品質一樣，自然有人想要在每天使用的文具上多一點堅持之處。也因為文具與我們互動頻繁，只要在文具上做些改變，就能對生活品質帶來影響，增加一些生活情趣與品味。若要選購在設計或功能上較講究的用品，相對來說，文具的價位較低，不需昂貴花費就可打造屬於自己的生活態度。

在文具的選擇上每個人都有自己的喜好，撇開收藏用文具不談，選購一般文具時，我會注重設計、功能性、以及文具本身有不有趣。但這些條件的權重，又會視情況而不同。例如家用、上班或上課用的文具，我會特別重視功能性，在較正式場合時使用的文具就會特別重視外觀設計。雖然可以這麼區分，但實際上這還只是大概而已，例如什麼樣的正式場合適合拿什麼樣的文具，如果沒有搭配好，可能會覺得這樣的文具與現場氣氛格格不入，甚至會讓人感覺做作。此外，就算在某個場合下適合某人的文具，也不一定適合自己，這就跟服裝搭配非常類似；若把文具看成是某種程度的飾品，這麼一來也就不足為奇了。所以我才說，藉由文具可以打造屬於自己的生活態度。

我相信看到這裡，一定有人會說：「用文具還想這麼多，真的是病了。」但是，對那些熱愛文具的人而言，或許會覺得自己才是正常的吧。「文具病」這個詞儘管帶有開玩笑的意味，但其中有許多專業收藏家，對於過去文具的歷史進行補遺的工作，光是這一點，就讓我十分敬佩。一直以來文具屬於較不受重視的一種生活道具，留下來的資料少之又少，光是要拼湊出一些可用資訊都得花上許多時間挖掘，這彷彿是考古學家的角色，又像是偵探必須從蛛絲馬跡中推敲答案，不過我承認，這也是樂趣所在。

最後，我以過來人的身分給各位一個忠告。文具真的很容易讓人非理性購買，尤其它單價不高，更是說服自己敗家的好理由。但是這樣下去，總有一天會像我以前曾經歷過的一樣，堆放許多來不及用完甚至還未使用的文具，形成一種浪費。因此，希望各位能從了解自己需求開始來挑選文具，得了「文具病」還好，可不要得了「購物強迫症」才好！

02

第一件收藏

不論收藏的是文具、郵票還是玩具，收藏的並不只是物品本身，其實也保留了依附在物品上的回憶。

Venus鉛筆是我的第一件文具收藏，我擁有它已超過三十年的歷史。

成長記憶

由於父親以前曾從事製圖工作，在他的抽屜裡總有些對小孩子而言，非常新奇的文具。三角形的比例尺被我們當作積木玩耍，與小天使或是黃桿橡皮頭鉛筆有著截然不同外觀的Venus製圖鉛筆，也在好奇心驅使下被拿我了幾支來用。

Venus鉛筆是由美國鉛筆公司（American Lead Pencil）所生產，也是該公司的台柱商品。它問市於一九〇五年，在外觀上歷經變化，因此存在許多版本。而這個筆尾附有白色塑膠裝飾的版本出現於

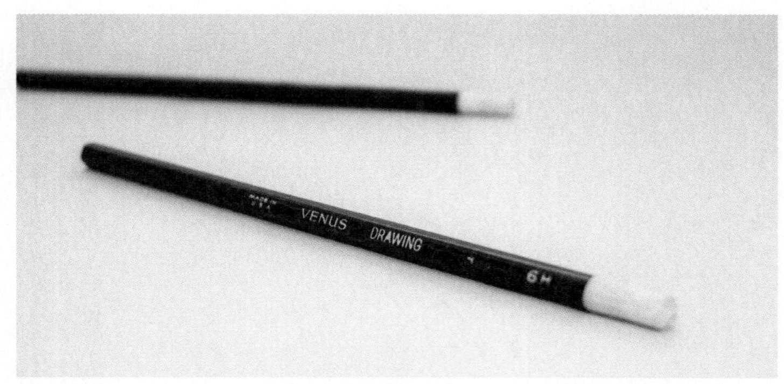

若不是因為6H的硬度不好寫，所以沒有把它們用完，今天才能重拾回憶。

六〇年代至七〇年代之間，筆桿上樹皮般的花紋也曾是國內鉛筆製造商模仿的對象。由於第一次世界大戰導致當時擁有相當高市占率的德國鉛筆無法進口，因而讓Venus鉛筆獲得發展的機會，晉身為高級鉛筆的主流之一。

它有白色的筆尾，筆桿上印著如樹皮般花紋，等間距排列著燙金標誌，硬度是少用的6H，雖然寫出來的字跡顏色很淡，筆芯削得太尖甚至容易把作業簿寫破。然而當時我們班的風氣就是同學之間喜歡「炫耀」自己擁有與眾不同的文具，因此我也顧不得它適不適合用在書寫作業上，硬是帶去學校，結果寫出來的字跡當然都淡淡的，沒多久又偷偷放回父親的抽屜。也不知過了十年或是二十年，中途還曾搬過家，卻能讓我在偶然間找出這些鉛筆。雖然不知是不是被我拿走的那幾支，但能再度擁有它們已經讓我覺得如命運注定般的不可思議。

第一件收藏的意義

我相信大多數收藏者的第一件收藏，可能都是他所有收藏品當中最樸實無華的。第一張收集的郵票或許是從某個信封剪下，第一個收集的玩具或許只是一時興起，在扭蛋機投幣獲得，雖然實際上的價值不如日後收集到的逸品，但無形的價值卻遠超過任何收藏。此外，在第一件收藏品當中，還包含著一種最原始的感動，總讓我想起文具收藏的初衷。

這麼多年過去，Venus筆桿上的燙金字有些剝落，筆尾的白色塑膠也已泛黃。當兒時回憶漸漸模糊之際，端詳著這支筆，一些特別鮮明的畫面不斷在腦中重播……有時候我在想，不論收藏的是文具、郵票還是玩具，收藏的並不只是物品本身，其實也保留了依附在物品上的回憶。

註：關於這支鉛筆的資料，我是從leadholder.com這個網站上查到的，它也是一個我誠心向各位推薦的網站，裡面有許多鉛筆、工程筆、自動鉛筆的介紹，而且相當專業。

03

挑水果 vs. 挑文具

文具的挑選和挑水果有異曲同工之妙，選購時多少都會有些苦惱，需要一點挑選的技巧。

我常到菜市場的水果攤買水果，一週總會去個兩、三次。挑水果其實有很大學問，例如挑到好吃的芭樂，那爽脆甜的滋味會讓人一口接一口，欲罷不能；若是挑到不好吃的芭樂，咬下去滿口的澀味實在讓人難以下嚥。

也許你會說，那試吃不就得了？試吃的水果和真正買的水果畢竟不同顆，甚至還來自不同果樹，所以也不能保證沒問題；因此，對我來說，買水果還真是要碰運氣，直到切開、入口的那一刻才能知道結果如何。

挑水果哲學

有次我去所上老師家作客，師母端上的水果又甜又好吃，在眾人稱讚之餘，我就問起老師挑水果是否有什麼秘訣。

老師回答說：「我不挑水果的，我是挑老闆。」在座的每個學生聽了這句話之後，人人都有恍然大悟的感覺，平凡如挑水果這件事竟然還有如此思維是我們未曾察覺的，而且還是這麼有效率的方法。

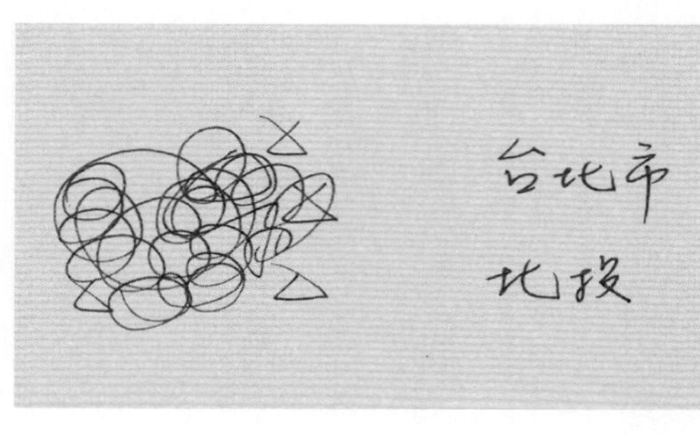

試筆的時候與其亂畫圈圈，不如寫些常寫的文字。例如地址，比較容易試出合不合用。

文具的挑選和挑水果有異曲同工之妙，選購時多少都會有些苦惱，需要一點挑選的技巧。

雖然市面上大部分的文具都能在店裡提供試用，再加上工業化大量生產、在品質穩定且有品管把關之下，挑選到瑕疵文具的機會也低了不少。不過，我們或多或少仍遇過買回來的文具用不順手，甚至難用的情況，以筆來說發生的機率最高。其實有幾個訣竅可以讓大家挑到一支更適合自己的筆。

試寫

一般人在文具店試寫時，若不是在店家提供的紙上揮灑流暢的線條，就是一直畫圈圈，也有人會以寫字等方式來試試看。然而，畫一些連續、流暢的線條或是畫圈圈，其實對試筆沒有太大幫助，因為大多數的筆在這種情況下都能寫得頗為流暢。若是字寫對了，效果更大。

選字的學問

各位在試寫時都寫些什麼字？是靈光一閃出現的文字？或者是看到前人在紙上寫了什麼也跟著寫？其實最好的方式是選擇自己常寫的字。

一般狀況下，最常寫的字就是名字了，不過把自己的名字寫在公共場合的紙上似乎不太好，這時候可以只寫名字中的某個字。家裡的地址是我常寫的文字，不過為了保護個人資料，挑幾個字來寫就好，例如居住的城市或是路名。

以自己常寫的文字來試筆，比較容易試出這支筆與自己合不合，就我的經驗而言，合得來的筆寫起來不僅順手，而且字也可以寫得比較好看，一旦找到這樣的筆，我就會持續用下去，直到它停產為止。

若是在手帳上使用，建議選擇筆劃細的筆，寫起來輕鬆，也不至於筆劃都擠在一起而導致閱讀不便。

紙張的重要性

除了選擇試寫的文字以外，試寫紙也是必須注意的重點之一。文具店所提供的試寫紙大多為影印紙，有時候提供的紙張磅數較高（磅數愈高則紙張愈厚）。如果你經常做筆記或是在手帳上寫字，那麼在試寫的結果，就可能會與你實際使用時的感覺有落差。此外，一般人較少會在試寫完後翻到紙張背面看看墨水滲透的狀況，其實這是個滿重要的動作。如果墨水滲透的痕跡明顯，會使頁面看起來髒髒的，影響美觀，頁面上透著另一面的墨跡也會造成閱讀不便。而這種情況更容易發生在使用水性墨水書寫時，例如鋼筆、簽字筆、代針筆等。

許多品牌的筆記本或是手帳並不是使用白色紙張

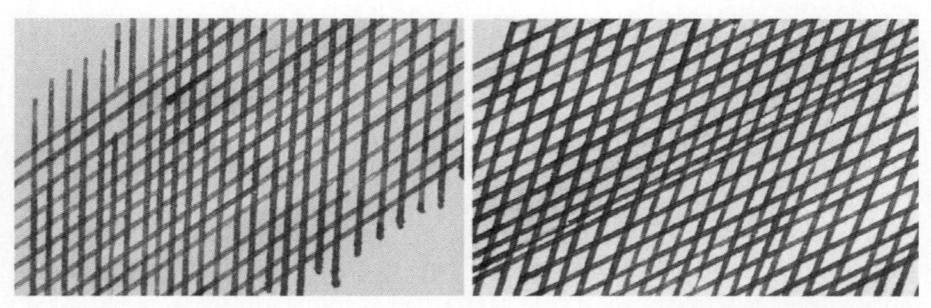

同樣的墨水在不同紙張上呈現出來的感覺也不同。例如寫在白紙上的藍色墨水看起來顏色較鮮豔。因此，使用自己常用的紙張試寫，才不至於買了筆後才感覺產生落差。

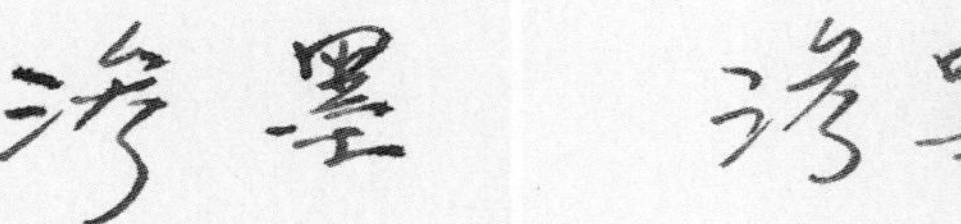

自備筆記本試寫，才能了解實際使用時的滲墨情況。

作內頁，而是使用帶點米色的紙張，例如Moleskine、Quo Vadis等。因此，實際帶著常用的本子去試寫才能知道墨色在紙張上呈現的效果。對於喜歡用多種顏色的筆在內頁畫圖的人來說，這麼做也比較能選到合適的筆。

最後，由於手帳的尺寸較小，有些內頁的格線較細，書寫時必須選擇筆劃較細的筆才好寫入格子中，因此不妨帶著自己的手帳去挑選筆劃適中的筆吧。

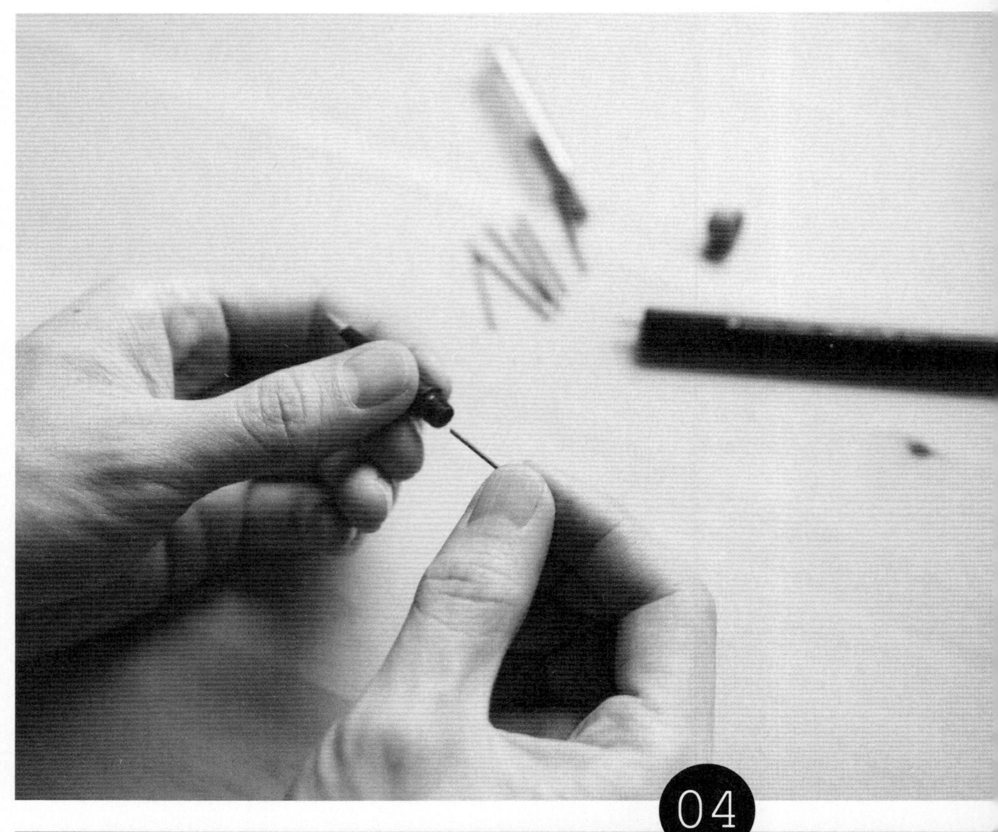

04

自動鉛筆的獨特美

在筆類文具中，我對自動鉛筆特別情有獨鍾，原因在於它的機械感。自動鉛筆擁有非常多樣化的出芯構造，進一步影響了筆的外型設計，讓自動鉛筆擁有各種不同風貌。

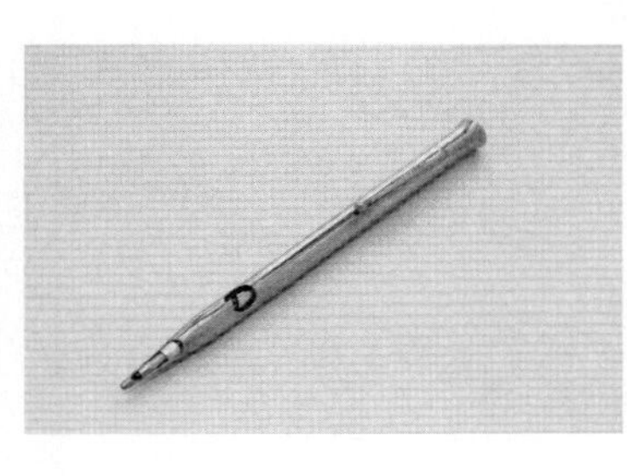

這支筆的筆桿上印著Demonstration字樣，而且還開了個孔，能看見出芯機構的運作方式，可以讓銷售人員在推銷時說明內部的機構。

在筆類文具中，我對自動鉛筆特別情有獨鍾，原因在於它的機械感。自動鉛筆擁有非常多樣化的出芯構造，進一步影響了筆的外型設計，讓自動鉛筆擁有各種不同風貌。相信不只是我，還有許多人之所以迷上自動鉛筆，也是因為它那具有機械感的操作方式。

在自動鉛筆的發展過程中，有不少廠商努力朝向改良自動鉛筆的出芯構造發展，試圖讓使用者以更簡易的動作完成出芯，甚至達到真正「自動出芯」的終極目標。這種專屬於自動鉛筆的美感，一直希望能與大家分享。

自動鉛筆機構的演進史

我收藏了一支由西華在一九一八年所推出的自動鉛筆，它採用的是當時最主流的出芯方式－旋轉式出芯。這種出芯方式可以往前追溯至十九世紀初期，至今已有近兩百年的歷史，是自動鉛筆最早的出芯方式。雖然有人在二十世紀末的一次沉船打撈中發現製造於十八世紀末的自動鉛筆，但該筆的資料不多，無從考證。

旋轉式出芯的操作方式就和使用護唇膏一樣，想用多少就轉多少出來，往反方向轉動就可收回去。由於構造簡單、幾乎不會故障，因此這款西華自動鉛筆便以「終身使用」為口號行銷。事實也證明了，在將近一世紀之後，它的出芯構造依舊順暢，應該可以再用到下個世紀。

這款筆的筆芯儲存在筆桿內，已有現代自動鉛筆的雛形。當時的筆芯製作技術尚未成熟，無法做出又細又不易折斷的筆芯，因此它使用的筆芯較粗，約為數厘米。然而，有一種旋轉式出芯（常見於Cross的自動鉛筆）無法以無段的方式把筆芯送出，而是每轉一次就送出固定長度的筆芯，其實比較接近按壓式出芯的原理。

側壓筆（右）與側滑筆（左），屬於同一種出芯機構的不同變形。

此為按壓式出芯筆。

按壓式出芯設計

除了旋轉式出芯之外，按壓式出芯是自動鉛筆上最常見的另一種出芯方式。從此以後，自動鉛筆出芯方式開始進入發展階段，許多嶄新的創意都落實在商品上陸續推出。

不過，按壓式出芯有一個很大的成功因素，那就是筆芯製程的進步。由於按壓式出芯會在筆芯上施加較大的力量，以早期的筆芯製作技術來說，細筆芯的強度將因無法負荷而斷裂，若用粗筆芯的規格來製作，又會增加筆的大小與重量。

不只是自動鉛筆，許多物品的發展都循著類似模式，一旦其消耗品有了突破性發展之後，許多想法都能跟著實現。

側壓式、側滑式、中折式設計

使用按壓式出芯機構時，一般人通常都是用拇指按壓，但我也看過有人會把筆轉過來，用桌面按壓。不論使用什麼方式，完成按壓所需要的動作還是多了些，於是，廠商們開始絞盡腦汁思考新的操作方式，把按壓機構放在筆桿上靠近握位的地方，以減少拇指動作。基於這樣聰明的想法，接著又開發出了側壓式、側滑式、中折式等構造。

側壓式構造最早應該是由Pentel所推出，藉由按壓位於筆桿一側的出芯鈕來送出筆芯，按壓方向與筆桿垂直。側滑式雖然也是把出芯鈕放在筆桿一側，但並非以按壓方式出芯，而是以滑動出芯鈕的方式（出芯鈕的移動方向與筆桿平行）出芯，有點像是側壓式與按壓式之

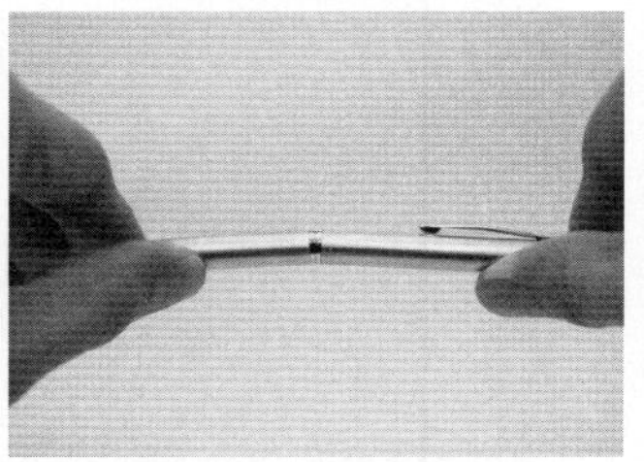

KOKUYO推出之中折式機構，整支筆可彎折，但也因此彎折部分的材質強度要夠。

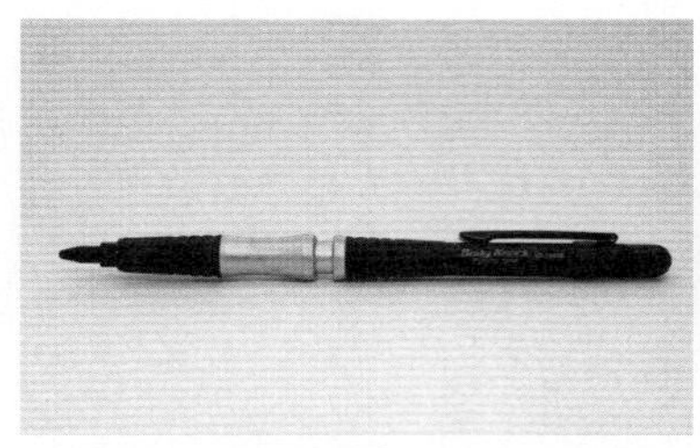

OHTO的這款筆藉由筆桿的前後伸縮來出芯，使用上稍不便。

間的產物。這兩種方式雖然減少按壓所需動作，但它們有一個共同缺點就是，筆桿上僅有一處可以按到出芯機構，這就會讓使用者在按壓之前必須先確認按壓鈕所在位置，而增加操作時間。為了改善這點，後來又出現了中折式，甚至筆桿伸縮式的機構。

中折式最早出現在Kokuyo的產品上，這種機構的筆桿分為上下兩節，中間以一個球形關節般的裝置連結起來，因此可以在筆桿的任何一側按壓，不需像側壓／滑式還要找到出芯鈕才行。這種出芯機構在使用時整支筆有如被折彎一樣，非常新奇，推出時也引起了不小的話題。它應該是在所有把出芯鈕前移的出芯機構當中最方便的一種，但卻無法普及，我猜想或許跟機構的製造成本有關吧。由於中折式機構需要承受較大的力量，因此採用金屬材質的零件很多，成本自然增加；但前陣子Tombow推出的一款自動鉛筆則克服了材料上的問題，使用塑膠製作零件卻又能維持強度，讓這個中折式機構重新出現。也由於材料的突破使製造成本下降，反應在實惠的價格上。

OHTO所推出的自動鉛筆採用筆桿伸縮式的出芯機構，也是目前唯一採用這種構造的自動鉛筆。然而在使用上比較麻煩，需要用虎口夾住上節筆桿，再以食指與無名指夾住下截筆節，接著用力讓兩節筆桿接近、縮短行程才能完成出芯動作，需要花費頗大的力氣才行。聽完這樣的形容，就知道它為何曇花一現的理由了吧！我自己在拿到這款筆之後，玩了幾下就放棄了。不過作為自動鉛筆機構的參考資料，倒是有其收藏價值。

指尖按壓設計

還有一種出芯方式也是曇花一現，不過它獲得的評價很高，廣受收藏者的喜愛。這是由三菱鉛筆所研發出來的指尖按壓，只有搭載於同系列的兩款筆上。這個構造的位置更加前移，位於筆頭與筆桿交界處。在該處有一個環狀、可上下撥動的構造，使用者在正常握持筆桿的情況下，只要以食指稍稍往上撥動就可以完成出芯。這個裝置做得非常輕巧，撥動時幾乎不需花費力氣，手指也幾乎不用移動就可撥到，再加上是環狀結構，也用不著轉動筆桿找撥動裝置，是我心目中最佳的出芯機構。但它的構造較為複雜，據說故障率頗高，因而停產，雖然只是流星劃過，但也在文具史上畫出一道閃亮的光芒。

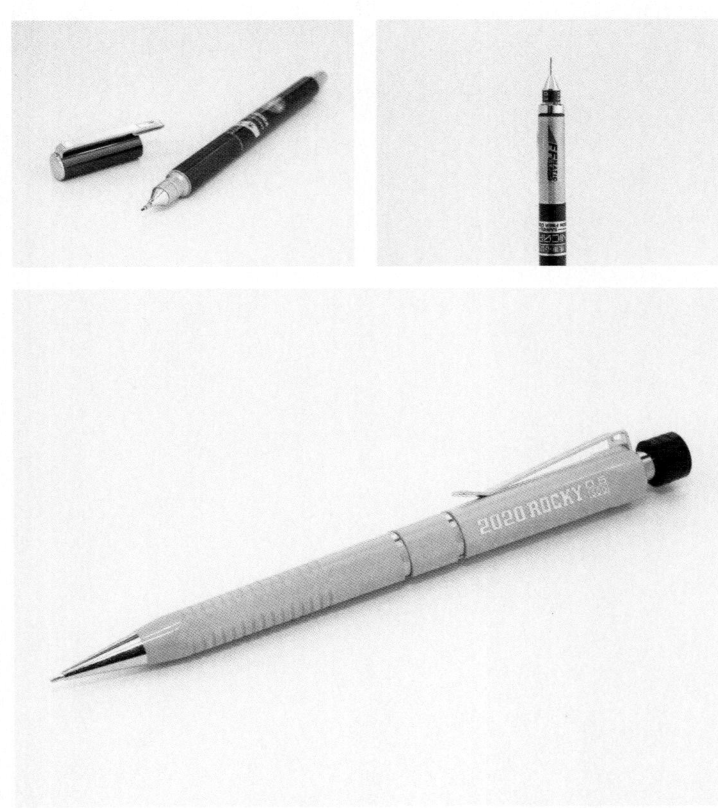

左上：Sailor的自動出芯筆，筆蓋可避免誤觸筆尖導致出芯。右上：Hi-uni 5050的出芯機構可謂自動鉛筆裡的登峰造極之作。下：搖動式出芯機構的筆通常又稱為「搖搖筆」，此系列是PILOT公司的看板商品。

搖動設計

除了用手指才能完成出芯的自動鉛筆外，Pilot也研發出一款用搖的就能出芯的機構，成為Pilot的招牌之一，屹立數十年不墜。這種藉由上下搖動筆桿，反覆帶動筆桿內的重鎚，逐漸將筆芯送出的構造，多半是複合式設計，也就在搖動式出芯之外，還可使用傳統的按壓出芯。由於筆桿內有重鎚之故，重量會比較重一點。此外，若夾在襯衫口袋中也往往會因為震動把筆芯送出，而弄髒口袋或是折斷筆芯，因此有些筆款多了鎖定裝置，能讓重鎚固定不動。

自動出芯設計

最後要介紹的出芯構造，能夠真正被冠以「自動」之名，使用者不需按壓，也不需搖動，只要以正常方式書寫就能把筆芯送出。這類自動鉛筆的出芯裝置就藏在筆頭裡。通常筆頭前端會有一段數釐米長度的活動金屬管，搭載自動出芯裝置時，用手指按下再放開，會歸回原位並送出一段筆芯。因此在書寫過程中一旦送出的筆芯寫完，自然就會使紙面接觸到金屬管，觸動出芯機構。聽起來很完美不是嗎？甚至幾十元的自動鉛筆都曾採用這種設計，但它仍無法造成流行，我認為與書寫感有很大關係。

由於金屬管必須接觸到紙面才能完成出芯，再加上出芯量低，因此在書寫時幾乎一直處於金屬管接觸紙面的狀態，寫起來很不順暢。這對於重視書寫感的我而言，甚至有如以指甲刮黑板般的難以忍受。雖然如此，一些高階的自動出芯筆，在市場上仍是收藏者們競相追逐的對象。

很少有什麼物品或道具像自動鉛筆一樣，為了達到出芯目的而想出這麼多種方式。然而，有許多出芯構造在市面上的自動鉛筆中已經看不到，其中有許多原因，例如書寫習慣的改變、成本因素……等，想要實際接觸這些自動鉛筆，就只有在書局尋找以前的存貨，否則就是在拍賣上競標。這個過程頗為有趣，要說是尋寶，不如說狩獵更貼切，一旦發現獵物且順利捕獲時令人興奮，即使多年後回頭看那些文具，都能讓我再三回味！

05

無可取代的筆記本

就算已有電子文具的出現，我卻還不打算輕易把文字書寫的樂趣交出去。

使用一年多，如今也即將除役的Quo-Vadis，許多靈光乍現的點子都記錄在其中。

我在這本防水筆記本上寫了許多食譜，不怕水、耐髒又好清理。

對於我這種不太擅長記事情的人來說，筆記本可是在生活中不可或缺的文具。

我覺得筆記本有如大腦延伸出來的記憶體，或許換成「隨身硬碟」這種說法比較貼切。「筆記本」這名詞只是泛稱，不管巴掌大的手帳，或是真皮燙金封面、像是社會菁英在使用的記事本，也不論內頁是空白、方格、或是橫線，甚至日誌，我認為也算是筆記本的一種，只不過使用時多了點責任感，似乎每天不在上面寫些什麼就會有點過意不去。

我珍愛的各種筆記本

和大多數人一樣，我也同時擁有並使用著多種筆記本。記錄一些想法與點子的工作主要交給QuoVadis的紅色Habana（更早之前使用的是Moleskin），不過現在她也快要退休了，必須尋找接班人才行。

Habana、Moleskin，都是適合隨身攜帶的小本子。平時放在口袋中，若是突然在公車上想到什麼點子時，還能夠馬上掏出來記錄，也因為大多是在搖晃不已的狀態下書寫，我的小筆記本們總是寫滿了歪斜的字體與潦草的圖案，有時候連自己都認不太出來。

如果是已經比較成形的想法或是設計圖，我就會記錄在一本Life的防水筆記本上，它的紙張不僅能夠防水，而且還不容易撕破。這本筆記本上也會抄錄一些我辛苦收集來的資訊，例如從義大利食譜翻譯過來的Focaccia做法，或是在Cookpad網站上找到的一些納豆食譜。

雖然我也使用智慧型手機，擁有平板電腦，但在廚房工作或從事細木作時，使用電子設備查看資訊總有潑到液體或灰塵侵入的風險，在一般筆記本也同樣怕水的情況下，Life的防水筆記本就讓我放心許多，應該稱它為筆記本界的G-Shock才是。

讀書時我最常使用無印良品的Ｂ５筆記本來整理重點。這款筆記本的內頁是以植林木為紙漿原料，比較環保而且價格實惠，但我最喜歡的是它的空白封面，可以在上面畫圖，製作出屬於自己的封面。

至於一些在紙張、裝訂上有所講究的高價筆記本，雖然我也購買不少，但由於筆記本這種文具一旦書寫下去，哪怕只有一個字，就會變成「被使用過的狀態」，就算以後想拿來送人都會不好意思。於是乎，我就成了標準的筆記本奴，那幾本高級筆記本就一直被供奉起來，成為我的收藏當中最令人難以接近的文具。

雖然知道這種想法有點扭曲，我也曾想過要在下次替換筆記本時用上，但老實說，

Life的筆記本強調手工裝訂，買來後也是有點捨不得用。

無印筆記本則是我上課的良伴，也是我消耗量最大的文具之一。

滿壽屋的筆記本買來後一直捨不得用，總覺得自己還配不上這種高級品。

高級筆記本的用紙也不馬虎。這種稱為fool's cap的紙張透著光線可以看到浮水印與交錯的紋路。

現在筆記本的使用機會比之前減少許多，想要消化庫存，還得等上更久的時間。

雖然身處於這個科技發達的時代，但筆記本仍有速記、方便書寫、輕便、不用充電等優勢存在，它在我的生活中仍佔有重要的一席之地。

活用電子與傳統文具

拜手持式電子設備發達之賜，我現在已經不用日誌。對我來說，紙本日誌的功用就是用來記錄什麼時候做什麼事，不需具備筆記本的要素，而且記錄在手機或平板電腦上還能設定鬧鈴來提醒自己，因此我就把日誌的使用需求轉到手持式電子設備上了。

提到電子化這件事，最近流行一種只要在紙張上

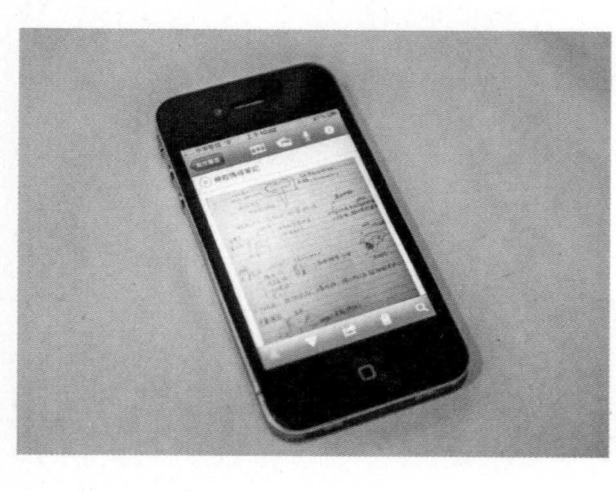

手持式電子設備也成為我常用的「筆記本」之一。不過它主要扮演輔助角色，例如我把手寫筆記數位化之後存入手機中以便隨時翻閱。

書寫之後就能透過手機拍照，把紙張上的內容掃描進手機裡的專用筆記本或是便條紙，那些產品的紙張上印有一些特殊符號，方便在拍照後讓程式調整拍攝角度的問題，或是標註特定內容，但是如果要我因為這些功能而放棄選擇其他筆記本的自由，這是絕對辦不到的。

使用手機的照相功能，一樣可以把寫在任何表面上的文字、圖案拍攝下來，而且這種做法我也已經持續多年，相信有許多朋友也都是這麼做的。然而，就算已有這類電子文具的出現，我卻還不打算輕易把文字書寫的樂趣交出去。

06

週末的文具店之夢

巷子裡幾乎看不到什麼人，讓我不禁懷疑是否記錯了地址。正當我準備放棄時，恰巧抬頭看見有個「迷你」房間突出於一棟建築的二樓之外……

「文具病」到了一個程度之後，就會動起想開店的念頭，很想去搜羅世界各地的新舊文具，陳列在自己的店裡。雖然這個徵狀老早就在我身上出現，但這些年來一直停留在規劃階段，美其名是規劃，其實不過是說得好聽而已，說作白日夢還比較實際一點。然而，幾年前，當我在東京旅行時，拜訪了一間位於駒込不起眼的住宅區、隱身於不起眼建築中的小店，並與熱情的老闆交談後，那個念頭又開始蠢蠢欲動了……

與螢窗舍的相遇

那家店叫作螢窗舍，說它是一間小店真的不為過，應該只有兩坪不到的空間吧！若扣掉收銀台，商品陳列的地方甚至一坪不到，商品區只要同時有兩個人在逛就會顯得擁擠，但對我來說，螢窗舍可是比好幾層樓高的伊東屋要有趣許多。

光是找這家店，就花了點時間。雖然ＧＰＳ顯示已經抵達目的地，但就是看不到店家，當時我在住宅區中的一條小巷子，除了偶爾有自行車擦身而過之外，

右圖：螢窗舍位於不起眼建築物的二樓，稍不留意就錯過了。

文具雑誌
port-mine
¥400
測量野帳と行く!
東京・北区文具散歩
MICKEY MOUSE
KEY STONE CO.,INC.
SKETCH BOOK
MICKEY MOUSE
セイカの ぬりえ
さんすう
¥300
Mond
Tuesd

左上：自動鉛筆是螢窗舍筆類文具當中種類最豐富的商品。右上：流露著昭和風情的鉛筆。右圖：除了懷舊商品外也有原創文具。

巷子裡幾乎看不到什麼人，讓我不禁懷疑是否記錯了地址。

正當我準備放棄時，恰巧抬頭看見有個「迷你」房間突出於一棟建築的二樓之外，而它的窗戶下方就掛著小小的「螢窗舍」招牌，我與這間文具店的相遇就以這種方式登場了。

螢窗舍的販賣內容五花八門，有多種筆類與紙製品，甚至還可找到昆蟲標本用的標籤紙。這些東西都是店長精心蒐集而來的老東西，雖然不是新品，但卻能從中獲得許多新發現。

對於五、六年級生而言，這裡更是一個回憶的寶窟，很容易就把人拉進回憶的漩渦，一不小心，連荷包都可能被掏空，就我而言，確實是如此。不過老東西也並非專屬於中年人，我相信這些老東西的魅力，也足以媚惑年輕的文具愛好者。

文具的圈子很小，當我與真船小姐（這家店老闆）聊了幾句之後，她就說：「莫非你是K小姐的Facebook朋友？」

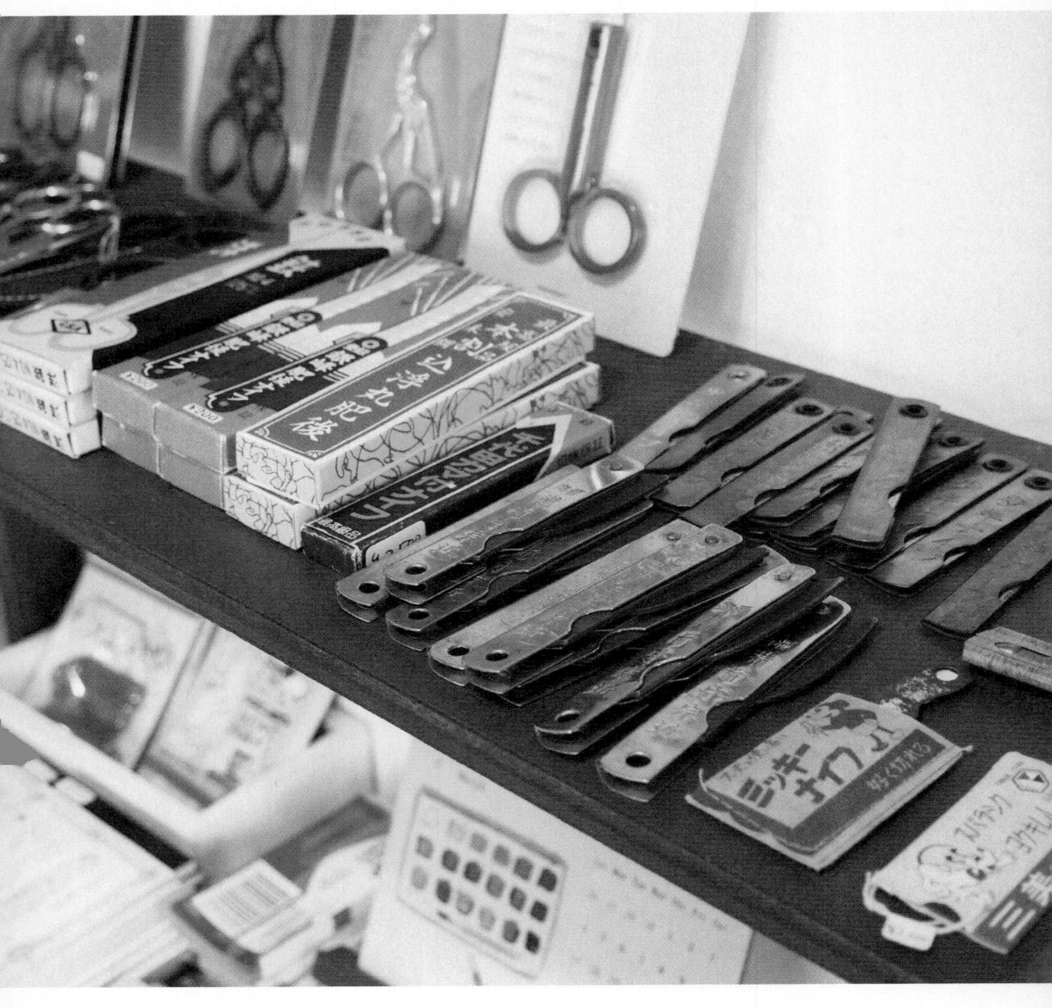
ミッキーナイフ

左圖：店內地方小，連窗邊的空間都用上了。
右圖：肥後守，是超級小刀的原型。

接著，她又側著頭思索了一下說，「我應該有看過你的部落格喔。」言談至此，我和真船小姐的興奮之情都溢於言表。

文具帶來最美的邂逅

雖然螢窗舍裡的商品多為老文具，但其實店裡也有販售原創文具。這些文具是由一些個人或工作室自己製作，然後放在店裡販售。我待在店裡的時候，剛好有位橡皮擦圖章藝術家帶著她的作品前來，雖然尚未開始販售，但我看了都已忍不住想買。

她的圖章不知道怎麼刻的，印出來的圖有著深淺變化的陰影，很細緻。後來，我又遇到一位改造達人，當他一踏進店裡時，真船小姐就迫不及待地把他介紹給我。

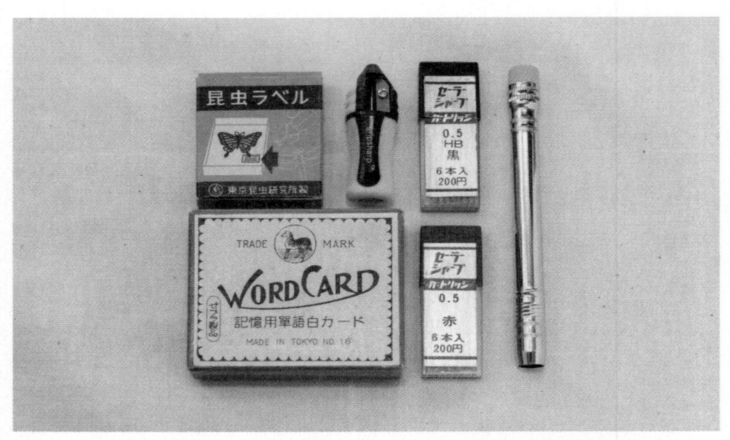

這次的戰利品有昆蟲標籤、早期的單字背誦卡等等。紅、黑色筆芯則是我之前遍尋不著，一直想入手的東西。

這位達人的大名我有聽過，他專門把正常尺寸的文具改造成迷你文具。於是，這次換成我說：「我有看過你的部落格喔！」

雖然從車站到這裡走了二十分鐘的路，又花了十分鐘在附近打轉才找到螢窗舍，但我覺得這次來訪，真的是超級幸運！除了多認識兩位文具界的朋友之外，真船小姐也提供我一個古文具展的訊息，參展者是她的朋友，目前正好是展覽期間。面對這項突如其來的資訊，為它調整行程也在所不惜。

不僅是文具，我想一個嗜好的美妙之

處，不僅在於嗜好本身，它還能拉近人們的距離，結識更多朋友。

在參觀過螢窗舍，與真船小姐交談之後，我最佩服她的是把對文具的熱情拿出來與大家分享的這份心意。光是她願意犧牲週末假期來這邊拉起店門，就已經讓我覺得很感動了。那天雖然忘了問真船小姐，收藏文具帶給她的樂趣為何，但我想我已經知道答案了吧。

螢窗舍是一間很有個性的店，每週只有六、日營業，而且還不定時休息，建議各位可以事先上官網確認當週是否有營業再過去，免得像我撲過兩次空。雖然店家的地址是在田端，不過建議各位搭車到駒沢再走過去比較近。從田端走過去的話大約需要二十分鐘，從JR駒沢站東口走路大約五分鐘就可抵達。
最後提醒各位，螢窗舍真的很狹小，因此若您背著包包前往，轉身時請小心，不要碰倒架上的商品喔。

營業日：六、日、假日
營業時間：13:00~19:00，營業時間可能會隨季節調整
網址： http://keisosha.com/index.html

07

週一下午的文具課

從螢窗舍老闆真船小姐介紹中得知，她的朋友是文具收藏家，剛巧舉辦了一個古文具展……

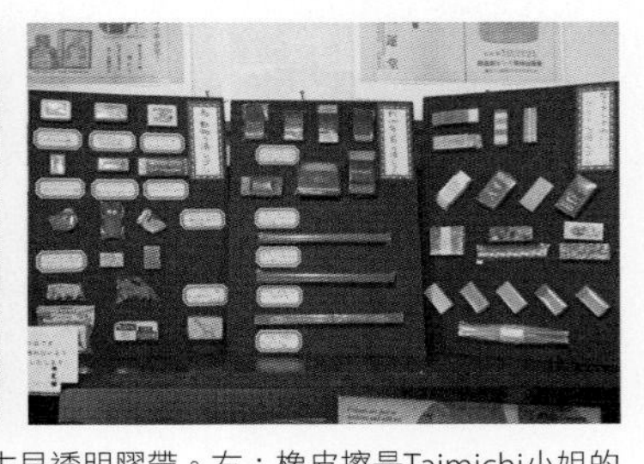

左：在這裡，各種老文具都有，甚至還有古早透明膠帶。右：橡皮擦是Taimichi小姐的最愛之一。

從螢窗舍老闆真船小姐介紹中得知，她的朋友是文具收藏家，剛巧舉辦了一個古文具展，於是我決定明天過去拜訪。真船小姐還熱心的畫了張地圖給我，十分貼心。

小巧精緻的文具展

雖說是展覽，但規模其實並不大，也不是在正式的展覽場地舉辦，而是在高圓寺車站附近的一間文具店，利用店裡一間不到四坪的小房間展示。雖然空間不大，但還是盡可能的利用每一寸空間，將自己的收藏陳設出來，就連牆上靠近天花板、一般人難以搆到的位置，都掛上了早期文具剪報。也因為是一個讓人能夠放鬆的展示空間，看展時不必刻意放輕腳步、戰戰兢兢。

抵達的時候，展場內只有Taimichi小姐與一位參觀者，似乎正在聊些什麼。我好奇的湊了過去，迅速融入他們的交談中。聽了一會兒，原來在聊橡皮擦的話題。

現場也有販賣區，對喜歡老文具的人來說每件都是珍寶。

Taimichi小姐拿起一支看似木匠鉛筆的東西說：「這應該是日本最早的橡皮擦喔，看起來很像鉛筆吧，也一樣有木桿。」

接著她又指了指牆上的某張剪報說：「這篇剪報就是當時的報導，不過推出這個橡皮擦的竟然是間米店，很有趣吧！」

我稍微看了一下那篇報導，露出會心一笑，沒想到才剛來就上了一課，也對於這位尚未打過招呼的Taimichi小姐由衷欽佩起來，竟然連這樣的剪報都能找出來，真是位非常專業的收藏家。

過了不久，比我早來的那位參觀者離開了，於是我趨前向Taimichi小姐自我介紹。「你就是Tiger啊，我昨天有聽真船小姐提起，還想說你會不會那天下午就過來呢！」

文具收藏家親自導覽

原來真船小姐在我昨天離開之後就立刻與Taimichi小姐聯絡，結果她等了

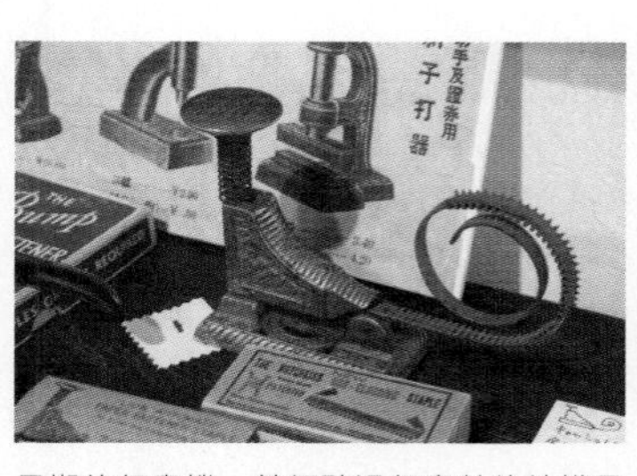

早期的釘書機。曾經聽過釘書針的結構是得自於機關槍彈鏈的說法。

大正時期（1912-1926）的便箋。

我一下午，這讓我覺得有點不好意思。

互換名片之後，Taimichi小姐提議要幫我導覽，面對這求之不得的機會，那時候的我應該把高興都寫在臉上了吧。

她延續剛才的話題，從橡皮擦開始介紹起，而從她的言談中我也才知道，橡皮擦是她非常喜歡的一項文具。不過，為了引起參觀者的興趣，因此她這次展出的橡皮擦有特別挑選過，選了一些比較有趣、造型奇特的橡皮擦。對於同樣煩惱於在部落格上介紹什麼文具的我來說，這樣的安排讓我深有同感，不禁點頭同意，對一般大眾進行介紹時，還是從能引起他們注意的方向著手較佳。

從橡皮擦聊到鉛筆，Taimichi小姐拿起一盒可能是明治時代的鉛筆給我看，用一個木盒裝著，作工頗為精緻，盒底還寫著持有者的名字。她說：

「這或許是當時某位大小姐的東西吧！」

我覺得老文具迷人的地方之一就是這種使用者留下的痕跡，它有如黑膠

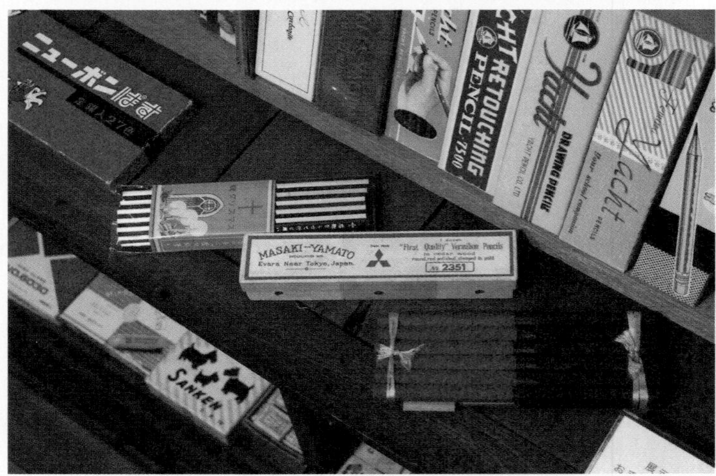

上：Taimichi小姐系統性的收藏蠟筆，有點像是在幫蠟筆寫歷史的感覺。下：早期的鉛筆經常以繩子綑綁成一打來販售，沒有多餘包裝也別有一番風情。

以前的稿紙是用這種刻上格子的木板印製。

唱片上的溝槽，刻劃著過去的點點滴滴。

就這樣，她帶我看了有著如機槍彈鏈般釘書針饋送裝置的早期釘書機、以刻著格線的木板轉印出來的古老稿紙、能套在易開罐口上的削鉛筆器等文具。她時而講述文具的歷史、時而談到與文具之間的故事，我也偶爾就某些文具提出看法並與她討論。

獲益良多的文具課

雖然只聊了不到一小時，大約是一堂課的時間，但內容非常充實。

左圖：這個時鐘印章可以把時間印出來，而且是用指針的方式來標出時間。右圖：展場是高圓寺的ハチマクラ（ha-chi-ma-ku-ra），本身就是一間頗有特色的文具店。

除了有許多文具知識的收穫外，最大的收穫是感受到Taimichi小姐在文具收藏上的熱情與追根究柢的態度。這種態度不僅適用在收藏上，我相信在任何事上只要如此，都能像Taimichi小姐一樣做得如此出色，看來我自己也要加把勁才行了！

離去前，Taimichi小姐操作了一台奇妙的印章來為此行留下紀錄。那個印章內有時鐘機構，看似有點年代，並發出滴答滴答的聲音，可能是發條式的時鐘。它的印面有時針與分針，因此打印在紙上的時候可以印出當下時針與分針所指的時間，是一台非常精巧的裝置。不知怎麼地，看到那座時鐘印章，我腦中卻浮現它在倫敦萬國博覽會的玻璃屋中展示的情境。誰知道？說不定它真的曾在那玻璃屋中展示過呢。

08

吉卜力美術館的小發現

雖然已是多年以前的事，但至今對於工作室的記憶依然存在，因為在那裡，我找到了一些令人雀躍的小發現……

吉卜力美術館於2001年開幕，挾著宮崎駿作品的高人氣，開幕後吸引了許多人潮湧入。
美術館有每日入館人數限制，因此往往只能預約到數個月之後的入場券，而且剛開幕的幾年就只能在日本買票，海外遊客想入館的難度較高，幸而現在台灣也能預購入場券，而且不像以前那樣需等上數週、甚至數月的時間。

十年前，我第一次去東京位在三鷹的吉卜力美術館，裡面的小劇場、屋頂上的機器人士兵都讓我留下深刻印象，其中我最喜歡的還是重現吉卜力工作室的場景。雖然已是多年以前的事，但至今對於工作室的記憶依然存在，因為在那裡，我找到了一些令人雀躍的小發現。

短鉛筆再生

吉卜力工作室中擺放了幾張桌椅，桌上一疊疊原稿歪斜地放著，彷彿輕輕一碰就會整個翻落，長短粗細不一的畫筆也散落於桌面。雖然座位上空蕩無人，卻給人一種前一刻仍有人在這裡工作的感覺，或許椅面上還留有餘溫也說不定。

我注意到某張桌子上有個大罐子，裡面裝滿了短鉛筆，想必是已經短到無法再使用的鉛筆吧。「把短鉛筆收集在罐內，這方法我怎麼沒想過？」以前我總是把用完的鉛筆丟棄，這下子讓我開始懷念那些已不存在的鉛筆了。

由於鉛筆被雜亂的收集在罐中，若不仔細看，就不容易發現鉛筆的兩頭都被削尖，而且貌似由兩支鉛筆組合成一支。根據我的印象，參觀動線與桌子之間有點距離，再加上現場的光線不算明亮，因此我一直站在那邊盯著兩頭尖尖的奇怪鉛筆，試圖看得更清楚一點。

看了一陣子之後，我確信那的確是由兩支鉛筆組合起來的，應該是為了最大限度的利用鉛筆，因

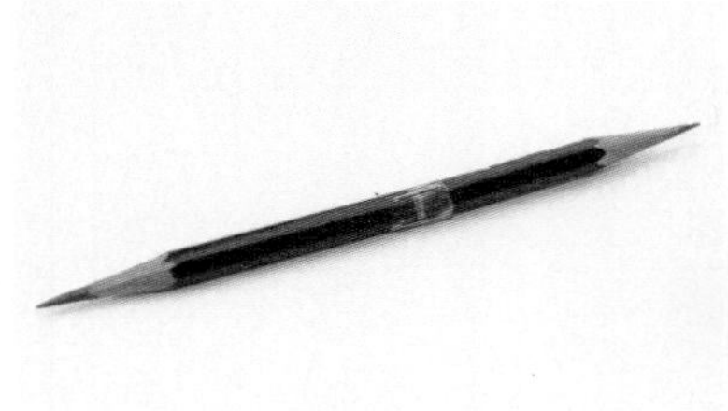

短鉛筆相接之後還可以繼續使用。首先把兩支鉛筆的筆尾相接，用透明膠帶纏繞固定。不需繞上太多圈以免過厚，只要讓鉛筆固定不動即可。接著把釘書機底座打開，直接把釘書機靠在筆尾相接處，將釘書針打入筆桿中。由於筆桿是材質軟的木材製成，釘書針可以容易就釘入，若失敗的話拔掉再試幾次即可上手，相接處大概釘個三、四針就足夠了。

在吉卜力美術館看到的削鉛筆機。

此把兩支短鉛筆的筆尾相接，組合成一支較長的鉛筆繼續使用，也才會變成兩頭尖的模樣。這種惜物的精神真是令人敬佩。

非入手不可的削鉛筆機

另一個小發現也是放在桌上的物品，一台削鉛筆機。這台削鉛筆機即使被淹沒在雜物堆積的桌面上，我還是一眼就注意到它。它有著復古外型，銀灰色的塗裝，厚實的金屬機身，看起來非常穩固，雖然只是在現場看到它，我卻立刻有了想要擁有的念頭，而且我認為這是一台可以使用終身的削鉛筆機。

由於工作室內禁止拍攝，因此無法拍照下來，之後再慢慢研究。我為了知道它的品牌，也顧不得一直往前推進的人潮，在參觀動線上不斷調整位置，探頭探腦的搜尋，最後終於在機身上看到商標。

左・右上：離吉卜力工作室不算遠的吉祥寺，是一個文具與雜貨迷不可錯過的地方。36 Sublo是一家吉祥寺名店，店內佈置有復古風情，文具的面貌比較多元，可愛、懷舊並陳。右下：Youipress是另一家名店，這裡的文具商品有迷人的輕復古風格。

答案揭曉，這是一台由CARAN D'ACHE生產的削鉛筆機。不過，夢寐以求的東西總是不易入手，我詢問過當時CARAN D'ACHE的台灣代理商也未果，最後經過一波三折才在日本購得。

回想這其中的過程，覺得自己當時想要入手的意念還真是強烈得可怕，如果未能入手的話，說不定這股強烈的意念就會像妖怪漫畫中的情節，變成什麼削鉛筆機怨靈之類的……

前陣子朋友去參觀吉卜力美術館，我事先請他幫我留意看看削鉛筆機是否仍在，根據朋友回報的結果，它仍被安然放置在桌上。看來，我應該找個時間故地重遊，順便看看這位老朋友。

與Free Design位於同一條路上的Givoanni有種古典歐洲風格。羽毛筆、蠟封等文具非常豐富。

Free Design雖有文具，但以雜貨、家居用品為主。

09

文具出沒注意

文具在文具店、書局販售是一般常識，不過在日本，有些地方同樣可以找到文具逸品。因為不是正統文具店，往往能有意外的收穫……

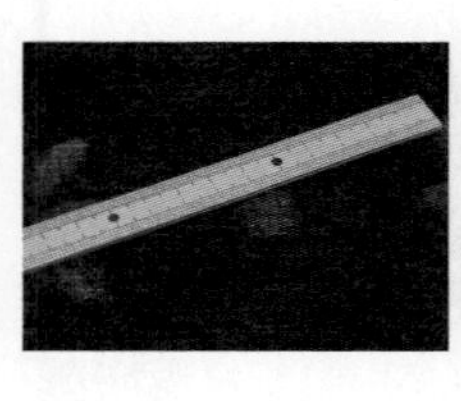

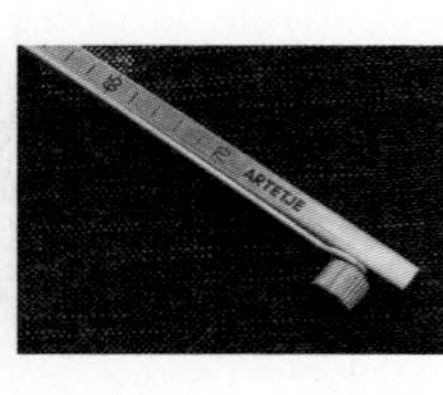

左：在台灣的日系39元店找到的竹尺。右：素描用的比例尺，雖然用不到仍是敗下去。

文具在文具店、書局販售是一般常識，不過在日本，有些地方同樣可以找到文具逸品。雖然它們不是專賣文具的場所，找起來相對較花時間；但也因為不是正統文具店，往往能有意外的收穫，因此我建議大家去日本旅行時，可以順道逛一逛。

需要緣分與運氣的百圓店

百圓店是挖寶的好地方，尤其日本當地的百圓店，更是值得花時間搜尋一番。在選擇上，我比較不建議連鎖類型的百圓店，因為它們販售的文具偏向常見的品項，或者是自有品牌的東西。除了價格上比較便宜之外，似乎少了那麼一點特色，只是，偶爾還是會有不錯的收穫。

若要前往百圓店找文具時，不妨調整一下順位，先去地區性的百圓店逛逛，有時候可以在那裡找到一些已絕版的文具，而且它們還是用很便宜的價格出售。這樣的文具可能來自某些想出清庫存的盤商或是文具店，但他們又無法將這些商品流入大型連鎖百圓店的銷售體系中，因此就會銷往地區性的店家。我就曾因此在百圓店中找到苦尋已久的文具，

世界堂雖是畫材店，也陳列不少文具。

那種心情就好像在意想不到的地方，遇見失散多年的好友一樣，令人興奮！

地區性的百圓店不比連鎖店，較難在網路上查到資訊，我多半是抱著隨緣的態度，看到才走進去逛。因此，下次旅行時，各位若是在街上看到這些店，不妨花點時間走進去瞧瞧吧，說不定也會有什麼發現。

把畫材店當作文具店逛

畫材店雖然以販售水彩、油畫、素描等繪畫用品居多，也可以找到一般文具店少見的文具。以鉛筆來說，畫材店以繪圖用鉛筆為主，但拿來書寫也沒有問題，而且較容易找到歐、美出品的繪圖鉛筆；想尋找一些比較特殊、非日系鉛筆的人可以來這裡看看。

此外，畫材店也販售版畫用品、雕刻刀等，對於刻橡皮擦印章有興趣的朋友，還可以在這裡購買工具。有些畫材店為了因應這股文具風潮，也販售刻章用的橡皮擦，甚至店家還會自行搭配出一套包含各式用具的刻章組來販

左：位於新宿Lumine Est內的Tools也是一家可以前往尋寶的畫材店。 右：只要在逛街時看到百圓店我都會繞進去看一看，雖然機會不高但仍有意外的發現。

售，購買時可以一次到位。

在畫材店裡，我會注意的品項還包括沾水筆桿、筆尖以及紙張。雖然我不畫漫畫，只是偶爾用沾水筆寫寫花體字，再加上我喜歡沾水筆的筆尖與筆桿豐富的選擇性，以及親民的價格，久而久之，就收集了不少。因此，在逛畫材店時，沾水筆是我必看的商品，即使是漫畫用筆尖，只要覺得好看，還是會毫不猶豫地買下，它算是比較容易讓我「非理性購買」的文具。

而紙張收集則是我的另一個嗜好，尤其有些畫材店會販售特殊紙，例如手抄紙等等。雖然買的時候多半早有動機，預先想好要買來做些什麼，但是買了以後卻又捨不得用，而把它收起來；或是根本忘了當初是買來做什麼，好像松鼠在收集松果一樣。

我推薦一間連鎖畫材店叫作Tools，店鋪主要集中在東京地區，但大阪也有一家店，這些店鋪的位置幾乎都在旅日遊客常去的地區，因此可以順便過去逛逛。此外，新宿的世界堂本店也是一間知名且大規模的畫材店，雖然是畫材店，但一般文具商品也很齊全，在東京與關西地區開設了多家分店。

考驗眼力與體力的尋寶場

如果前往日本旅遊且適逢跳蚤市場出店的時候，我必定前往報到，挖掘中意的東西。推薦兩個東京的跳蚤市場，一個是在神宮外苑，另一個則是在大井競馬場。這兩個跳蚤市場的規模應該是東京地區數一數二，雖然賣的東西有些不同，但是都能找到物超所值的文具。

或許有人以為跳蚤市場都是賣些舊東西，實際上，有許多看起來幾乎與新品無異，甚至包裝完整、

這系列的自動鉛筆看似沒什麼，卻是我找了好幾年的夢幻逸品。它的出芯機構非常奧妙，彷彿有股看不見的力量在推動芯管，究竟原理如何至今我仍未了解。

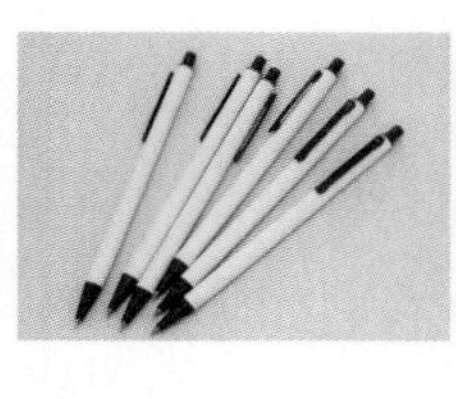

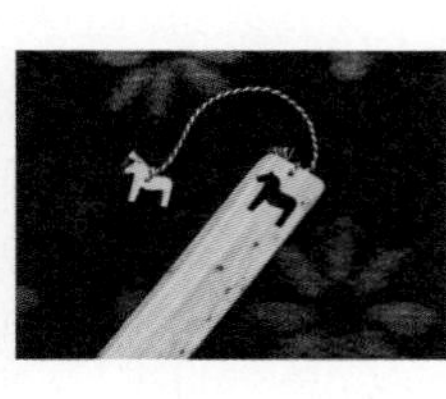

左：撿到超便宜的100日圓伊東屋自動鉛筆，已經送出幾支了。右：在北海道一家雜貨店買到的瑞典書籤，滿可愛的設計。

沒有被拆過的痕跡。價格便宜不說，還有殺價空間，有時候賣家還會自動打折或送些什麼小東西，尤其當他們知道你是遠道而來的觀光客，更是如此。

我曾在跳蚤市場中買過一「袋」伊東屋自動鉛筆，看起來是全新品，只是有些灰塵，原價一支七百多日圓，但老闆只算我一百圓，還說整袋買走的話，會再算便宜一點。我看看裡面少說有二、三十支，全部買下也不知要幹嘛，儘管價格相當誘人，最後還是「意思意思」，只買了十支，留點機會給別人。

逛跳蚤市場的好處是不會無聊。就算同行的朋友對文具沒興趣，他們也可以看看其他商品；如果文具找累了，也能夠轉換心情找些不同東西，真是個適合所有人來逛的地方。

神宮外苑的跳蚤市場主要以服飾類居多，如果想買服飾就得要一大早去守株待兔，因為只要賣家一出現，就會有人立刻圍上前去挖寶。雖然大家手腳都很快，基本上還是很有禮貌，不會出現混亂的情況，因此身為旅客還是要遵守一下秩序，可別失心瘋般的亂搶一通。

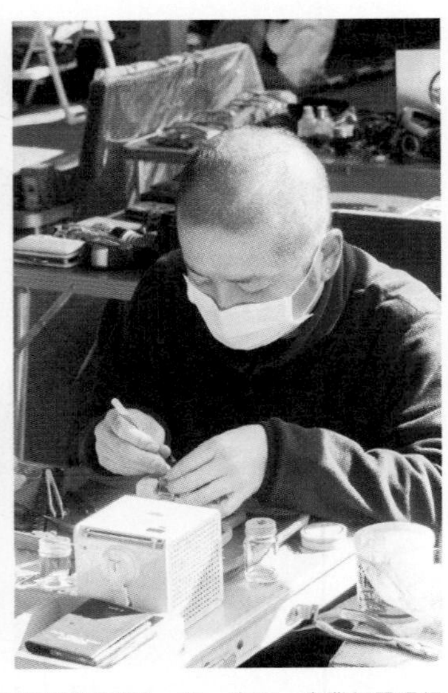

左上：跳蚤市場裡販賣樂器的攤位老闆，興起時還會彈上一段。左下：專業級單眼相機這樣的逸品就堆置在地上販賣，給人一種蒼涼感。右：不只販賣物品，跳蚤市場也有專業的職人在維修物品。

大井競馬場的跳蚤市場則以雜物居多，像是電器用品、工藝品、玩具等等，琳瑯滿目，甚至像是Nikon F5這種底片機時代的「機皇」，都被堆放在地上販售。

我自己除了在這裡買過文具外，還曾經搬了一台全新幻燈機，以及數不盡的小東西回家，因此來逛跳蚤市場之前，建議把包包清空，才能裝得下戰利品！

不是文具迷也能輕鬆逛

在日本，其實雜貨店和文具店之間的界線並不是那麼清楚，雖然有專賣文具的文具店，但兼賣文具與雜貨的雜貨店更多。如果只把目標鎖定在文具店，可能就需要花比較多時間在移動上，一直看文具也比較容易麻木，同樣的，一起去的朋友也會感到無聊，因此逛雜貨店不失為一石數鳥的方式。而且有些雜貨店內販售的文具也很特別，是一般通路上看不到的。

逛文具店就已經很容易讓荷包失血了，在雜貨店裡看到又是文具又是精美的雜貨，更容易讓人買過頭，必須有節制力才行。

由於日本雜貨店非常盛行，幾乎各地區都可找到，與其列出哪些地方的雜貨店較多，不如列出哪些地方較少（笑）。以東京來說，我自己比較常去的是表參道、丸之內、澀谷、神樂坂等地；或者，我會以行程中的景點為中心，調查附近有什麼雜貨店再順便去逛逛，這樣也比較省時間又省車錢。

其實，只要事前做好功課，就能夠規劃出一個快適的文具行程。例如一大早店家還沒營業，可以先去跳蚤市場逛逛，接近中午的時候，店家也陸續開門了，可以改以文具店、雜貨店或是畫材店為主，這樣就能從早逛到晚、度過充實又愉快的一天！

10

1%的不同

如果機器製造能讓每支筆都完美地符合標準 那麼由職人手工製作的筆大概只能到達99%的程度吧。雖然每支筆都會有微小差異，然而這1%的不同，卻反而突顯了這支筆的分量……

一支鋼筆有好幾個零件，這些都要以手工方式製作或裝上。此賽璐珞花紋屬於經典款式，也常見於其他品牌。

有一次我在翻閱過期雜誌時，無意間看見一篇加藤清先生的專訪，他在相片中的神情，洋溢著一股職人特有的神采，令人景仰。

加藤清先生是一位以賽璐珞材質製作筆桿超過六十年的職人。他一直維持手工作業，雖然完成的筆不若機械生產般分毫不差，但組裝或是外觀上的小瑕疵反而讓我感受到製作者雙手的溫度，我認為這就是「加藤製作所」獨有的特色。

我僅有的一支加藤製作所鋼筆，是旅行時在大阪某商店街裡的文具店買的。當時，店裡擺設了一些常見的事務性文具，但我比較感興趣的是兼作收銀台用途的玻璃展示櫃，有一整排的鋼筆，筆真的躺在裡面，彷彿一片鋼筆地毯。

當我示意想看看櫃中的某支鋼筆時，老闆說：「你也知道加藤先生的筆啊，他是個很認真的人喔，他的筆讓人感覺很舒服。」

老實說，我那時候完全不知道加藤先生是誰，但又不想中斷他看似有趣的談話。「暫且先裝懂吧！」我這麼盤算著，於是點了點頭。

老闆接著又說，「加藤先生的筆都是用轆轤削出來的，每支筆多少都有些微妙的不同，從我開始賣他的筆到現在，都一直維持手工製作，像這樣的職人現在也沒幾個了。」

「賽璐珞，你知道嗎？」

「這我知道！」我再次點點頭。

老闆接著說：「這筆桿就是賽璐珞材質。你聞一下筆蓋內側，是不是有一股香味？如果把筆蓋握在手掌中溫熱一下，香味會更明顯喔！」

我從老闆手中接過鋼筆，依樣畫葫蘆之後，的確嗅到一股香味。

賽璐珞的主要原料是樟樹提煉而來，聞到這股香味時，有種現實與書本上的知識相印證後所產生的暢快感。而且，它握在手中的感覺，與我之前曾使用過的各種筆，相較之下，多了點親切感。的確如老闆所說「讓人感覺很舒服」，而且是那些號稱以人體工學設計或是在配重上做了完美計算的文具，所感受不到的「溫度」。

就這樣，我被老闆拉進他的回憶之中，也樂得上了一堂生動的文具歷史課，當然，最後也把加藤製作所的筆買回家了。

過了一年多，我再次來到那家在繁華鬧區中的文具店，打算購買加藤製作所的鋼筆送人。踏入店門口的那一刻，我想著老闆是不是還認得我。

店裡陳設沒什麼變化，最大的不同是那些事務性文具，換成了時下最新的商品，商品架上擺著花俏的促銷ＰＯＰ，與店內氛圍有些格格不入。那一只玻璃展示櫃還在，但鋼筆少了許多，疏疏落落的，老闆似乎都沒有補貨。

由於店不大，進入店內之後，立刻就與老闆四目相交。我開口就說：「請問有沒有加藤製作所的鋼筆？」

老闆指了指玻璃櫃說：「就剩下這些了！」接著又說：「自從加藤先生去世後，指名來買他的筆的人還真不少。」

當下，我的腦海中還在想著老闆是否會認出我來，因此一時反應不過來，突然聽到這樣的消息，我先楞了一下，發出「啊」的一聲……

老闆看到我的反應後馬上接著說，「喔，你不知道嗎？他剛去世不久，是個很認真的人喔！」

上次購買鋼筆之後，我回家做了點功課，也在一本雜誌中讀過加藤先生的專訪，終於對他有更多的了解，本想藉舊地重遊的機會與老闆好好聊聊，然而聽到他去世的消息，原本想好的話題立刻煙消雲散了！就連「老

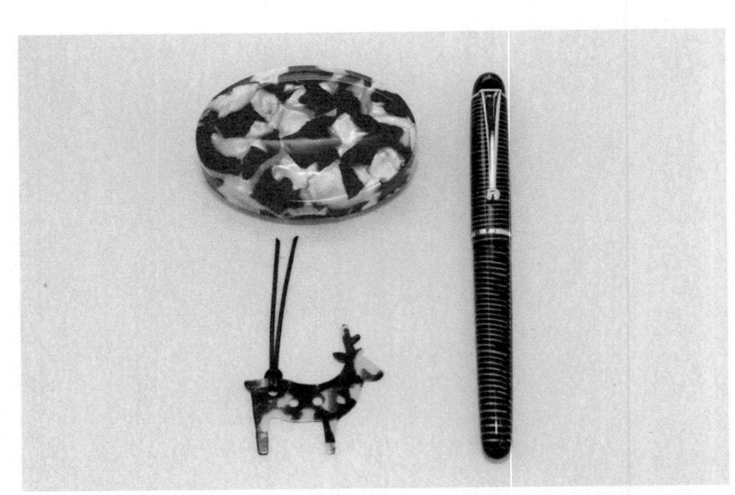

台灣的樟腦出口曾拿下世界第一，供應其他國家作為賽璐珞的原料。而它溫潤的質感是迷人之處。

闆，你還記得我嗎？」這句話也覺得不適合在這種情況下說出口，於是挑選完準備送人的鋼筆，忘了請老闆包裝就離開了文具店。

在回程的路上，我想起一年多前的談話，感觸一湧而上。如果機器製造能讓每支筆都完美地符合標準，那麼由職人手工製作的筆大概只能到達99％的程度吧。雖然每支筆都會有微小差異，然而這1％的不同，卻反而突顯了這支筆的分量，這真是一件非常美妙的事！

後來我想起還有一件事忘了問老闆，就是玻璃櫃中為什麼還留下許多空位？但現在想想，似乎稍微了解為什麼了。如果我是老闆的話，應該也會這麼做吧！

11 我心目中的文具長青組

在市場趨勢如此快速更迭之下，這些文具能夠歷久不衰想必有它的道理。

每年的Good Design獎項中，都有一個「長銷設計」項目，主辦單位從已經銷售很久的產品當中選出最佳長青商品。獲獎的商品不侷限於特定種類，涵蓋工具、日用品、文具等範疇……從歷屆的得獎者看來，不乏已問世三、四十年以上的商品，而且它們幾乎仍維持著推出當時的設計，猶如活化石般的存在。

在市場趨勢如此快速更迭之下，這些文具能夠歷久不衰想必有它的道理。有些我覺得不錯的文具始終未獲選，有些可惜，因此接下來介紹一些不拘泥於是否得過長銷設計獎的萬年經典款文具給大家。

Fixpencil

CARAN D`ACHE的Fixpencil 雖然未曾獲得長銷設計獎，但在我心目中它無疑是長銷產品的第一名。Fixpencil已問世超過八十年，雖然它的外觀與CARAN D`ACHE另一款844/849很像，但是讓我注意到這支筆的契機是一套主題為「瑞士設計」的郵票，該套郵票的票面是以在各個領域中著名的瑞士設計為主角，有國鐵鐘、柯比易設計的椅子等等，

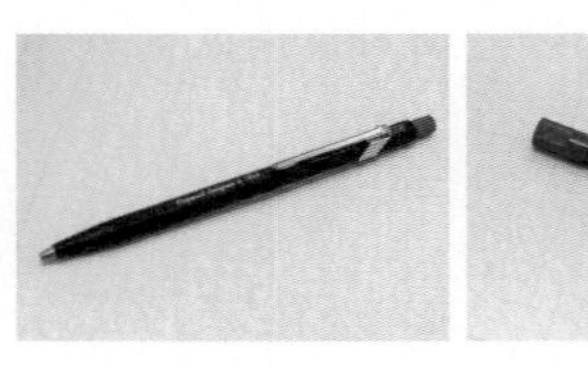

左：經典的工程筆款式，自發售以來沒太大變動。右：筆尾按壓處藏有磨芯器，這也成為日後工程筆的標準配備。

而Fixpencil就是其中一。

Fixpencil的設計，從推出至今幾乎沒什麼變動，而且還影響了許多後續產品，使得這種六角形筆桿成為CARAN D'ACHE的象徵。另外，它其實是一支工程筆，這種筆對一般人來說或許比較陌生，經常使用在製圖上。不過，我覺得文具的使用不應存有限制，工程筆拿來當作鉛筆使用也很方便，既保有鉛筆的感覺，也擁有接近自動鉛筆的便利性，而且使用專用的磨芯器，把工程筆芯磨得尖尖的，看起來就很帥氣！從小看著父親所使用的工程筆時，我就有這種感覺，直到現在，我還是覺得筆芯磨尖的工程筆有一股魔性的美。

Fixpencil的出芯機構採用三瓣式的金屬爪，可以無段調整露出的鉛芯長度，也成為日後工程筆的主流規格。不管是機構也好、外型設計也好，它都是超越時代性的存在。

OLFA Silver

美工刀是我很喜歡的一種文具，每次逛文具店，必列為重點巡視項目。我還有一個筆筒，裡面插的不是筆，而是滿滿的美工刀，甚至還曾當作禮物送人。

Fixpencil也曾發行過郵票，堪稱瑞士設計的代表。

提到美工刀，許多人直接就連想到黃色的OLFA，現在美工刀片的可摺式設計，就是由OLFA的創始人岡田良男先生從巧克力板以及玻璃刀上獲得靈感而發明的。

在眾多美工刀產品中，我最常使用的是OLFA的Silver，它也是我的「美工刀排行榜」前幾名。會經常使用它的原因是這把美工刀較輕薄、方便攜帶，而不鏽鋼刀柄也給人一種堅固耐用的感覺。此外它的簡潔外觀，是吸引我的另一個原因；沒有多餘的設計，所有零件就只是為了它被賦予的功能而存在。

Silver約在七〇年代初期推出，至今已超過四十年，它的設計也幾乎維持不變，帶有OLFA第一代美工刀的影子。由於設計如此經典，無印良品也委託OLFA將設計做了小幅修改，製作出兩款美工刀，一把正常尺寸，另一把則是縮短的迷你版，但外型都與Silver有極高的相似度。

這把美工刀在出廠時搭配的是不鏽鋼刀片，由於不易生鏽，刀片看起來長保如新。我的美工刀很多，幾把比較少用的刀片很快就開始生鏽，割起紙來經常弄髒紙面，留下鐵鏽色；而且刀鋒鏽掉後也不鋒利，甚至還會咬紙，造成切割邊緣有毛邊，因此我通常會把

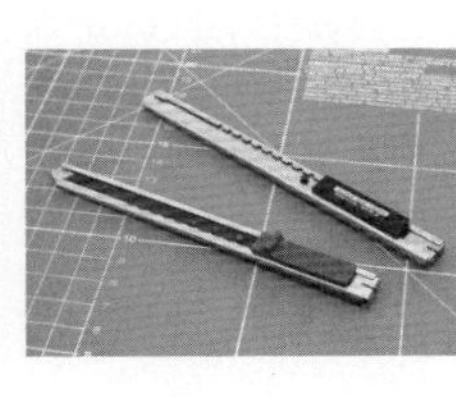

Olfa Silver與無印良品的美工刀是孿生兄弟。

生鏽刀片丟掉，實在有點浪費。

然而，不鏽鋼刀片就不會有這個問題，用水洗也不必擔心。說不定哪天臨時需要切食物時卻忘了帶料理刀具，把Silver用水沖洗乾淨後就可使用。好文具就像這樣，雖然簡單，但使用上也因此未受到太多限制，甚至作為文具以外的用途也並非不可能。

Pentel Ball Pen

若把Ball Pen歸為鋼珠筆，有些不正確，因為它用在筆尖上的不是鋼珠，而是樹脂製作的圓珠。此外，若從英文字面來看，雖然可以翻譯為原子筆，實際上，它的墨水是水性，而非原子筆的油性，還是用它的原名「Ball Pen」稱呼比較貼切。

Pentel Ball Pen推出於一九七二年，至今已四十多年了。我喜歡這支筆的原因在於它寫起來非常滑順，順暢到有點像是在鋪著新雪的雪地上寫字般輕柔，會令人很容易就上癮，不自覺地又在紙上多滑了幾道線條。這樣的筆自然也受到許多名人的青睞，例如日本作家秋元康、甚至是英國伊莉莎白女王就是愛用者。

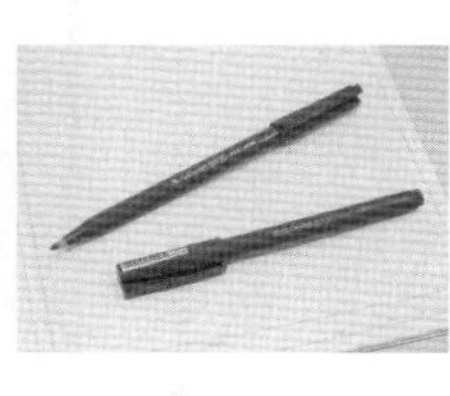

這是只要去日本我就會補貨的一支筆，滑順好寫是最大特色。

關於這款筆的存放方式，我有點心得，可以和大家分享。

若長時間不用時，盡量不要把筆尖朝上放置，例如插入筆筒當中；盡可能讓它平躺。若筆尖朝上放置一段時間之後，下次拿出來寫時可能會出現寫不出來的情形，這情況雖然可藉由把筆甩個幾下（但請勿甩過頭，否則墨水容易漏出來），或是以筆尾朝上的方式放置一段時間來解決，無論如何總是會讓人感到不便，不知情者甚至會對它留下難以書寫的印象。

這支筆的筆桿顏色也是一項特色。一般的設計都是以墨水顏色作為筆桿顏色，讓使用者能直覺的從鉛筆盒中找到要用的筆。但Pentel設計團隊認為，這樣一來，這支筆就無法具有差別性，和一般的筆並無不同。因此，不論什麼顏色的墨水均採用綠色筆桿，僅在筆蓋與筆尾標示出墨水顏色，在當時也算是一項大膽突破的設計。

值得推薦的商品絕非只有這些而已，不過，對於想要接觸「文具之美」的新朋友來說，這幾項文具堪稱經典，不論在歷史、功能、設計上都有能夠細細研究的地方，各自有它們的故事。話說回來，這也是好文具必須具備的條件不是嗎？

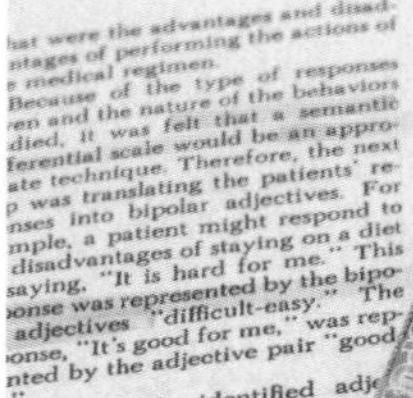

12 螢光筆的標準

尋找心目中完美螢光筆的旅程，
還是會繼續下去……

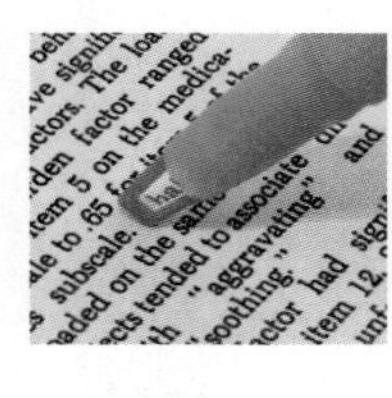
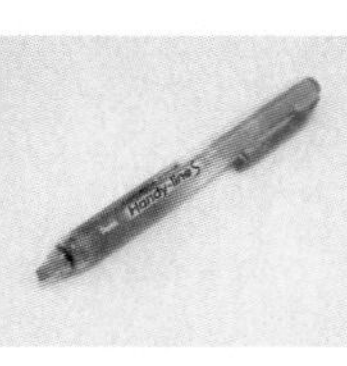
左：三菱的這支螢光筆，筆頭有一個「小窗戶」，這項秘密裝置出奇的好用。透過小窗戶可以看見文字，畫起線來準度更佳。右：按壓式螢光筆省了我許多拔筆蓋的時間，而且它的開闔機構也頗為有趣。

在閱讀時，我有用螢光筆畫重點的習慣，在懶得換筆的情況下，甚至會把螢光筆當鉛筆使用，直接在頁面的空白處寫下心得或重點。除了自動鉛筆以外，螢光筆是我使用率次高的筆類文具。

絕非配角的螢光筆美學

或許在其他人眼中，螢光筆只是配角，但對我來說卻是相當重要的書寫工具。因此，在螢光筆的選擇上我有一些獨門心得。撇開常見的螢光筆不說，先介紹一些比較特別的；首先是由三菱鉛筆所推出，在筆頭有小視窗的螢光筆。我非常重視畫線時的視野問題，如果筆頭處的視野不好，就很容易畫出歪歪的線；而螢光筆的筆畫又粗，線條顯眼，如果整篇文章上面都是歪七扭八的螢光線條，就會格外難看。這支螢光筆頭的小視窗，可以讓我清楚看見原本應該被筆頭遮住的字，畫起線來格外的順手。此外，它的筆頭材質頗特殊，帶有一點彈性的感覺，具備在螢光筆當中我最喜歡的「畫線感」。

百樂牌的螢光筆，我覺得還不錯。主要原因在於若畫錯了可以擦掉，而且或許是墨

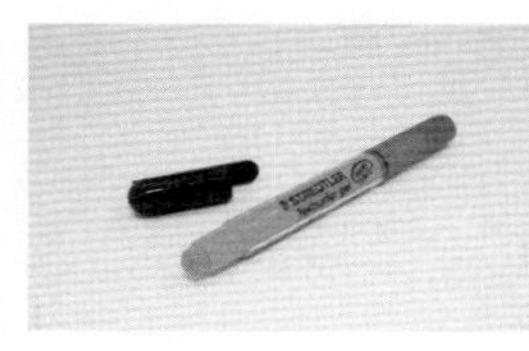

固態螢光筆則是我最不會使用的一款。用固態螢光筆難以畫出工整線條。

水特性的原因，它的螢光色並不是那麼螢光，這對我來說反而是件好事；在螢光色的長期轟炸之下，眼睛還是會覺得不舒服，尤其市面上有些黃色螢光筆，真的是亮到會刺眼的程度，所以螢光黃向來是被我列為拒絕往來的墨水色。

不會乾的螢光筆

以上這兩款筆各有長處，但就我的使用習慣而言，卻有共同的缺點。我看文章時常都是螢光筆在手，需要長時間取下筆蓋使用，也因此墨水容易蒸發，往往下筆想畫重點時筆頭已經乾了、畫不出來，要用力甩個幾下或是按壓筆頭，讓墨水流出。想要避免這件事就必須養成使用後隨即蓋回筆蓋的習慣，但這樣一來，就會頻繁進行拔筆蓋、蓋回筆蓋的動作，非常的煩人，閱讀節奏完全被打斷，因此，我找到另一款不會乾的螢光筆替代。

這支螢光筆是施德樓推出，它是固態螢光筆，不會乾掉。固態螢光筆，有點像是蠟筆一般，但是更軟、更容易畫，當我一開始使用時如獲至寶，但用沒多久，就讓它除役了。

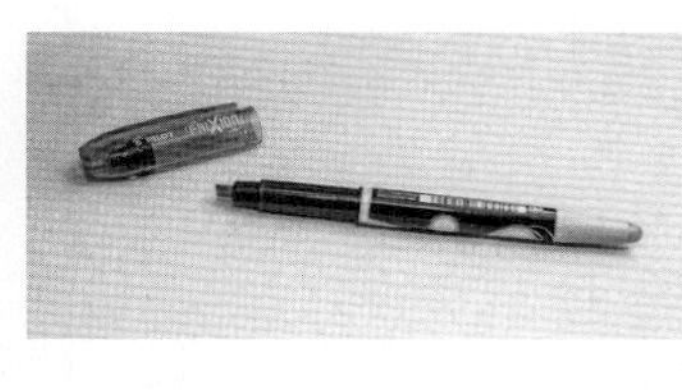

近年來熱賣的摩擦筆也有螢光筆，但顏色稍淡。

原因是一般的螢光筆頭都會削成扁扁的一片，方便畫出寬度均一的線條，但固態螢光筆的筆頭就是一個圓，導致畫出來的線條粗細不一，而且還很容易歪，畫在文章上就好像是塗鴉般，很不整齊。而且它所畫出來的線條並不是很容易乾，不小心就會沾到手上，或是轉印到其他頁面，滿令人困擾的。

另一款由Pentel推出的按壓式螢光筆就好多了。它不是採用筆蓋的方式，只要按壓就可讓螢光筆頭推出或收納，雖然還是需要按壓的動作，但比起取下、蓋回筆蓋已有了進步。不過，它還不是真正完美的產品；或許是設計問題，它的筆頭長度有點短，因此畫線時的視野不佳，幾乎都被筆桿遮住而看不到之後的文字。這有點像是蒙著眼睛在走路的感覺，不容易直直前進，畫出的線條也容易歪斜。

目前為止，我仍未找到真正滿意的螢光筆，伸縮筆頭算是比較接近我的需求，只好藉由歪著頭、從筆頭與紙面之間的狹小縫隙中對準文字下筆，來完成畫線的工作。

不過，尋找心目中完美螢光筆的旅程，還是會繼續下去……

13 樹木鉛筆

從遠古時代老祖先們拿著樹枝在地上塗鴉開始，這種握著木桿的記憶也深埋在人類的DNA中，因此鉛筆總是能給人一種溫暖的感覺……

從遠古時代老祖先們拿著樹枝在地上塗鴉開始，這種握著木桿的記憶也深埋在人類的DNA中，傳遞了數千年、上萬年，因此鉛筆總是能給人一種溫暖的感覺。

從環保觀點看鉛筆

現代的鉛筆大多採用柏科的樹木製作筆桿，體積雖輕卻頗堅韌，削起來還會飄出一股淡淡的香味。目前市面上已推出使用回收紙，或是木材與樹脂合成的新材料來製作筆桿，雖然是出於環保目的，但一方面製造鉛筆所使用的樹木已有許多是來自於人工造林；另一方面，新材料的鉛筆也存在著是否於製作過程中帶來更多污染的疑慮，因此我認為以環保理由來否定以木材製造鉛筆的正當性仍過於牽強。

用來製筆的主要樹種是柏科植物，然而，還是有使用其他樹種製筆的例子。例如就近使用該地區常見的樹種來製作，不僅原料價格可以壓低，運送成本也減輕不少，也是一種減少碳足跡的方式。然而，若想蒐集不同樹種製作的鉛筆，除了這類商品較少見之外，一般鉛筆也不會標示所使用的木種，因此蒐集困難。不過，在多年前，Colleen公司推出了一個名為「樹木鉛筆」的系列。此系列共有兩套鉛筆，每套十二支，而且每支鉛筆都使用不同的木頭製作，甚至不乏如黑檀般高貴的木種，這種特殊商品也成為愛木者以及文具愛好者心目中的逸品。

夢幻鉛筆

據說這系列鉛筆的開發過程也遭遇一些困難，例如木材的取得、針對不同木材特性所需的生產調整，以及有些木材較硬，會加速刀具的損耗等。因此，許多加工廠不願接下這個商品的生產委託，後來是在minerva這家公司的協助下完成。商品問世之後，有些販售教具的店家也進貨販售；因為使用二十四種木材製作，有些還是較少見的木料，就算當作木材樣本都十分恰當。

由於我平時也有從事木工創作，對於這種在鉛筆上使用各種木頭製作的產品，自然不會錯過。雖然未能在發售時購入，但運氣不錯的是，我在一次偶然的機會中從網拍上購得，而且還是定價的五折不到。

對收藏者而言，再也沒有什麼比用實惠價格購得寶物來得高興了！雖然這兩套鉛筆我只得到一套，不過收藏就是這麼一回事，想要的不一定拿得到，我也只好繼續尋覓下去，希望哪天另一套會突然出現，就像我獲得這套鉛筆的情況一樣。

這套鉛筆是第二集，十二支以不同木頭製成的鉛筆，整齊的裝在牛皮紙盒中。我還記得拿到這盒鉛筆時手還有點顫抖，即使實物已在眼前，打開盒蓋的一瞬間，仍然感覺心臟都快跳出來了……

在第二集的鉛筆中，第一支就是使用黑檀木的鉛筆，拿在手上果然重量很沉。乍看之下，筆桿漆黑一片，但隱約可見黑黃相間的紋路；此外，筆桿上印有鉛筆所使用的木材名稱與學名，同時也印上了產地與氣乾比重（指木材在大氣中長期存放後，達到含水率平衡後的比重），有了這些資料就足以驗明木材的正身。

有點可惜的是，在這套鉛筆中，有一支以斑馬木製成的鉛筆卻出現了瑕疵，很明顯的可以看出鉛筆呈現彎曲的樣子，而非一直線。這應該是木材的乾燥程度不一所致，也與木材本身的特性有所關聯，使用這些對鉛筆業界來說不熟悉的材料，發生這樣的問題也就

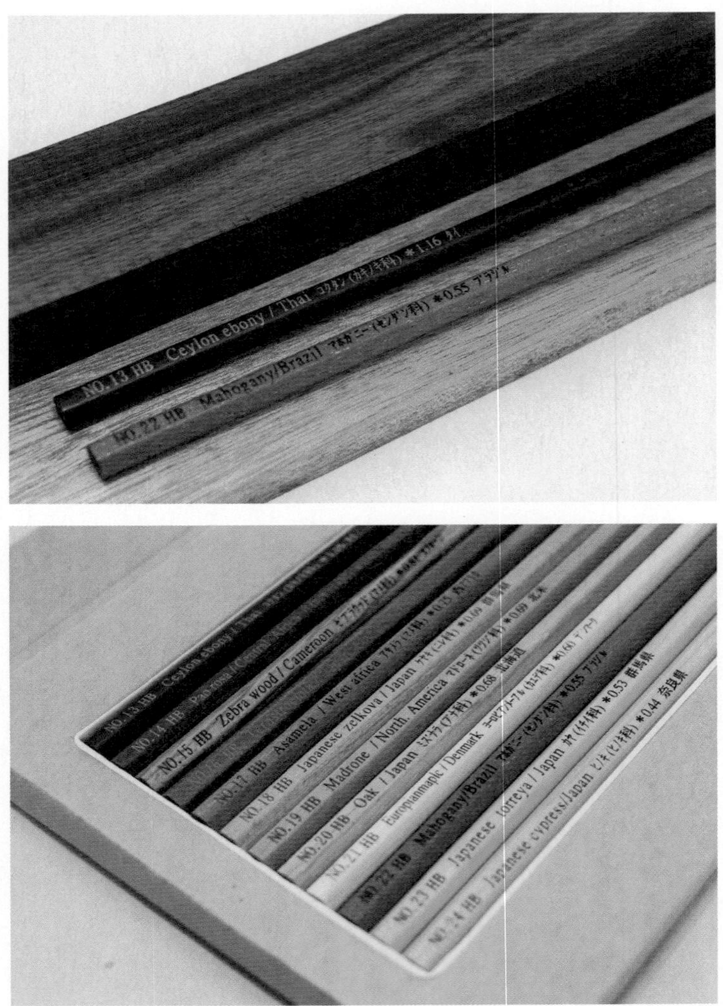

上：黑檀木、桃花心木鉛筆。下：這款鉛筆所使用的材料不乏高級木種。

不那麼在意了。不過，用斑馬木做成的鉛筆還滿好看的。

收藏欲望大於使用欲望的美好木質

在這兩集的鉛筆當中，說起來我也比較喜歡第二集一些，因為裡面使用了比較有趣的木頭，除了黑檀與斑馬木之外，還有用來製作高級棋盤的榧木，或是使用於神社中，價格也頗高昂的欅木；以及能讓陳放的威士忌增添特殊風味，在威士忌迷之間引起熱烈話題的水楢木……等等。雖然以日本當地的木種佔多數，但也包含了來自非洲、中南美洲、南亞以及歐洲的木材。

像這樣的鉛筆，我懷疑真的會削來用的人是否存在。與其說是鉛筆，還比較像是木材標本。而能用手去感覺木材的肌理、用眼睛欣賞木紋的變化，讓文具更具深度，從道具的次元提升，而這也是我喜歡自然材質文具的主要原因。

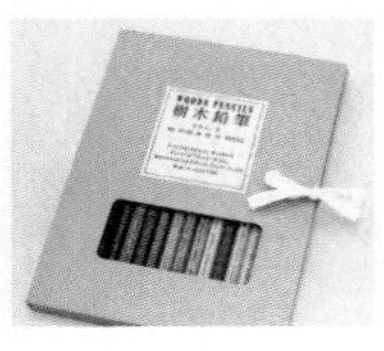

像「樹木鉛筆」這樣的產品應該算是空前絕後了。

14

用刀子削鉛筆才是王道

我對於用「刀子削鉛筆才是王道」這件事，沒有一絲懷疑。

現在，應該很少人使用刀子來削鉛筆了。我指的不是把鉛筆塞進去、轉一轉就可以削好的那種削鉛筆器，而是真正握著小刀或美工刀，從鉛筆削下一片片的木屑。

擁有多部削鉛筆器或電動削鉛筆機的我，絕不是那種高唱削鉛筆非用刀子不可的人，但我對於用「刀子削鉛筆才是王道」這件事，沒有一絲懷疑。

不用說，使用電動削鉛筆機是最沒有樂趣的削鉛筆方式，但也最方便，而且削出來的鉛筆尖銳無比，光用看的眼睛都痛了起來。而且早期的電動削鉛筆機有如貪心的怪獸、永遠不知滿足，若是塞進去的筆不適時拿出來的話，可是會整支被削得精光！因為那時候部分機器沒有削尖之後就自動停止的裝置，成為名副其實的「吃鉛筆怪獸」。

手轉的樂趣

手動式削鉛筆機，是我認為既能兼顧便利性，又不至於破壞太多削鉛筆樂趣的機器。用手轉動搖柄時，若仔細觀察，還能看出鉛筆因逐漸被削去而變短的過程，甚至有些機器貼心的在機身上安裝一個透明玻璃窗，讓使用者能夠看見削鉛筆的過程。我想會做出

這款削鉛筆機當鉛筆已經削尖時不會自動停機，而是會閃爍紅色燈號來提醒。

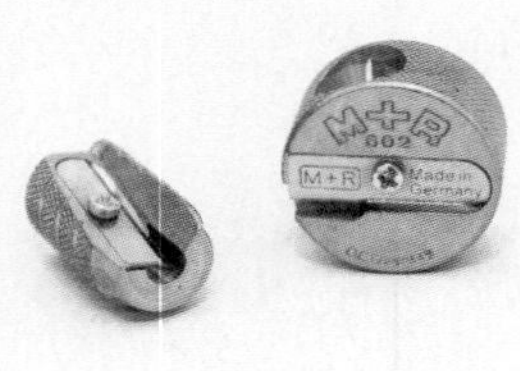

使用這類削鉛筆器要小心避免把鉛芯削斷。若要削出連續、不斷落的鉛筆木屑除了需要練習外，鉛筆的木質也有關係。

如此設計的人，一定是對削鉛筆有著異於常人的熱情。

另一種手動式的削鉛筆器，則是把刀片簡單固定在一個帶有圓孔的刀座上，使用時，把鉛筆塞入孔中、以手轉動鉛筆來切削。這種削鉛筆器的好處是攜帶方便，但卻是我最不會使用的工具之一。

我常常看見有些鉛筆廣告上伴隨著使用這種削鉛筆器所削出的、呈現如花瓣般的木屑，而我卻一直削不出這種成果。雖不是說完全沒有成功過，但也僅有過幾次，像是曇花一現般，削出一小段之後就結束了，無法像廣告上那樣綿延成一長條。此外，我使用這種削鉛筆器時，好不容易把筆芯削尖了，但卻在鉛筆轉動的下一個瞬間，筆尖又被刀片給切斷了，真是狼狽不堪。

刀片不夠利，是我在使用這種削鉛筆器時，最常用來掩飾失敗的藉口。

使用小刀或是美工刀，則是在有閒暇時間的情況下，我最喜歡的削

小時候有一台火車頭削鉛筆機，當時的我將它視為寶物。後來雖不知流落何方，幸好在網拍上重新標到。

鉛筆方式。

喜歡拿刀子削鉛筆或許是來自父親的影響。小時候，我對於父親老練的把鉛筆削尖，一字排開的樣子，印象特別深刻。

由於父母親不放心讓小孩子拿著刀子削鉛筆，因此家裡買了一部蒸汽火車頭外觀的削鉛筆機，這款進口商品在當時的家庭之中也屬於稀有物。不過，即使如此，我還是喜歡手削鉛筆的感覺。有時候會拜託父親幫忙削鉛筆，這時候父親就會坐在客廳的沙發椅上，用兩腿夾住垃圾桶，拿出超級小刀削起鉛筆，而我就蹲在一旁專注觀看，這也算是另類的親子交流時光吧。

超級小刀的起源

開始收集文具後，我對於削鉛筆刀也有了更多的研究。以前小時候常見的超級小刀源自於日本，應該是日據時代從日本傳入，後來台灣的

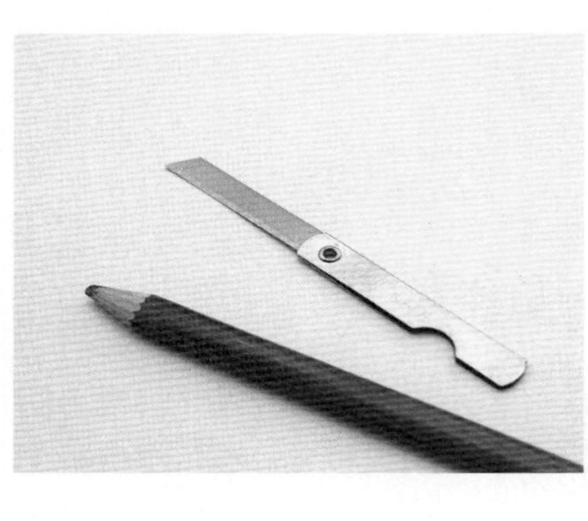

超級小刀是我們小時候常用的削鉛筆刀具，直到現在仍持續生產，售價還是和以前一樣經濟實惠。

文具製造商開始生產，當時市場佔有率最高的或許就是手牌超級小刀了！現在仍繼續生產中。

我們目前所看到的超級小刀外型，仍維持著從日本傳來時的模樣，但這款摺疊式小刀的始祖，可追溯至明治時代的肥後守。

既然肥後守是始祖，它的外型當然與超級小刀極為相似，不過肥後守的刀柄與刀刃更「肥」，但這也不是肥後守的名稱由來。為什麼叫作「肥後守」，目前有幾種說法，而且都未獲得證實。

「肥後守」這幾個字已被註冊為商標，只有「永尾駒製作所」生產的才能冠上肥後守的名稱，其餘鍛造屋所生產的只好避開這名稱，改叫「肥後小刀」之類的名字。但這並不表示只有永尾駒製作所的產品才是品質最優良的，仍有許多技藝高超的工匠打造出肥後小刀，即使在這個削鉛筆機普及化，甚至使用鉛筆的人愈來愈少的時代中，它仍被愛用著。不論是當作工藝品欣賞，或是當成在工作、日常生活中會使用到的刀具也好，都能

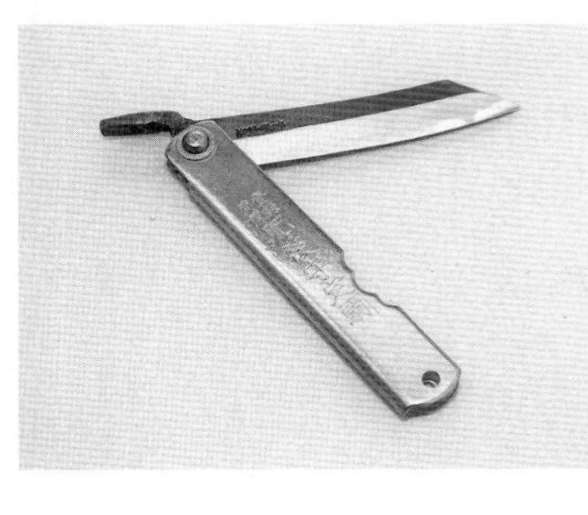

肥後守就是超級小刀的原型，整體而言較厚實。現在仍繼續生產且有多種款式，也具有收藏與觀賞價值。

有稱職的表現。

不過，有一點要注意，這類刀具並非使用不鏽鋼製造，因此碰到水還是要盡快擦乾，最好上點油來保養。如果拿來作為切食物的用途就要慎選油的種類，以食用油為佳。但生亞麻仁油或是核桃油之類的食用油卻不適合，因為它們屬於乾性油，塗抹上去可能會留下難看的痕跡，可以使用橄欖油或是苦茶油。

如果各位和我一樣，想選擇使用難伺候的小刀來削鉛筆，那麼可要有相當的覺悟才行。剛剛只是簡單談到刀子的保養，刀子鈍了還需要磨利；更何況，削鉛筆時還有一些容易犯的錯要提醒大家。

讓我們把這一切看作是一種儀式，就像泡茶時的一連串步驟，把所有程序都完成之後，再欣賞手削後的成果，進而在紙上書寫。我相信削鉛筆也可以成為一種怡情養性的活動。

15

用刀子削鉛筆才是王道

攻略篇

剛開始可能要花上一點時間才能削好鉛筆，但是假以時日、累積經驗之後，應該就能加快速度……

上一篇提到削鉛筆的多種方法，而其中用刀子削鉛筆，是我心目中所堅持的王道，不過失敗率也頗高。我來分享一些削鉛筆時容易失手的地方或需要準備的工作，相信只要能針對以下幾點進行改善的話，就能削出一手好鉛筆。

削得太深

許多人經常會犯的錯誤就是削得太深，使得露出的筆肉（很抱歉，想來想去還是這個名詞比較貼切）無法成為均勻的圓錐狀，在某一處會呈現凹陷下去的情況。主要的原因在於刀子的切削角度太大，因此在下刀時要注意，淺淺的削就好。因為木頭有紋理，有時候刀子沒握穩，刀鋒就容易被紋理帶著走，削掉一大塊，所以把刀子握穩也是很重要的訣竅。

太過心急

除此之外，在削一支新鉛筆時，往往為了快速把鉛芯從包覆的木頭中削出而

右圖：削的時候可以順、逆時針方向交替轉動筆芯，比較容易察覺並修正削歪的情況。

削太快、太急就容易削掉過多筆肉。

魯莽下刀，這樣也可能導致切削太深的後果，總之不要急、以穩定的速度削鉛筆，是努力熟練的第一課。

一邊轉動一邊削鉛筆

另一個常遇到的問題其實不是那麼重要，然而就是有些人會特別在意，我也屬於其中之一。

基本上，削鉛筆時要一邊用手轉動鉛筆一邊削，但這樣的削法很容易讓筆桿與筆肉交界的那一圈出現不平均的狀況，雖然下刀的痕跡原本就會造成交界處不平均，但我說的這種情況是指整體而言，有逐漸往筆桿深入的情況；

若鉛芯露出過多就容易折斷，而且比例上也不好看。

就像一條海岸線，會突然有個地方深入內陸。

我不會教大家在筆桿上貼一圈紙膠帶作為記號，就算要這麼做也要選在四下無人的時候，免得被人看見後，從此貼上龜毛的標籤。要避免海岸線不平均的情況，除了常練習之外，在削鉛筆時不要一直讓鉛筆朝著同一個方向轉動，削個幾刀之後，再往反方向回轉削個幾刀，以這種交替回轉方向的切削方式，對於問題改善可以帶來一些幫助。此外，出現這種不平均的情況時，有些人會想要再多削一圈，企圖把它修正過來，但也因此很容易讓筆肉部分露出太多，整個看起來像是巫婆的手指。這時候，我的建議通常是罷手吧！不過，若覺得海岸線仍有深入空間的話，再削一圈也無妨，就當作是練習也好。

有關鉛芯的小提醒

其他常出現的狀況都和鉛芯有關。例如削得過頭使鉛芯露出太多，這樣的話，稍一不慎就容易將鉛芯折斷。木質筆肉有保護、固定鉛芯的作用，雖然我也承認鉛芯稍微留長一點的筆，的確滿好看的，還是只露出適當的鉛芯就好。再來就是削到筆肉與鉛芯交界處時要小心，因為這兩處的材質不同，在刀鋒剛削離木質進入鉛芯部的一瞬間，會因為阻力突然變小，造成刀子切削速度加快，甚至脫離原本的切削軌道，往前暴衝至鉛芯，留下較深的刀痕。有時候這種情況也會發生在削完筆肉，接下來要削鉛芯時，由於已經熟悉木材切削的力道，一時適應不過來，使得削鉛芯時的力道過大，留下難看的刀痕。

大家不難察覺，對初學者來說，削鉛筆的心法就只有「穩定施力、緩慢前進」這幾個字，再輔以之前所提醒的幾個注意重點。

剛開始可能要花上一點時間才能削好鉛筆，但是假以時日、累積經驗之後，應該就

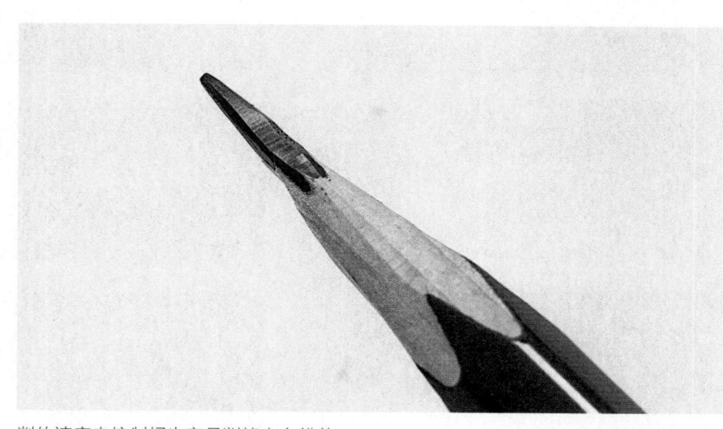

削的速度未控制好也容易削掉太多鉛芯。

能加快速度完成工作。最後再補充一點，如果使用的是美工刀這類刀片薄且易彎曲的刀具時，不要把刀片推出太長；同時，利用接近刀片出口處的刀鋒來削鉛筆，才能獲得較佳的穩定度。

不論使用什麼刀子，它都是銳利的道具，有一定的危險程度，因此，使用上要多加小心。國外有推出一種讓小孩子學習削鉛筆的刀具，相較之下就安全許多。我想國外之所以推出這類商品，鼓勵小孩子動手削鉛筆，或許是與訓練手眼協調有關吧！

各位在看完之後，是不是也躍躍欲試，想找支鉛筆削削看呢？

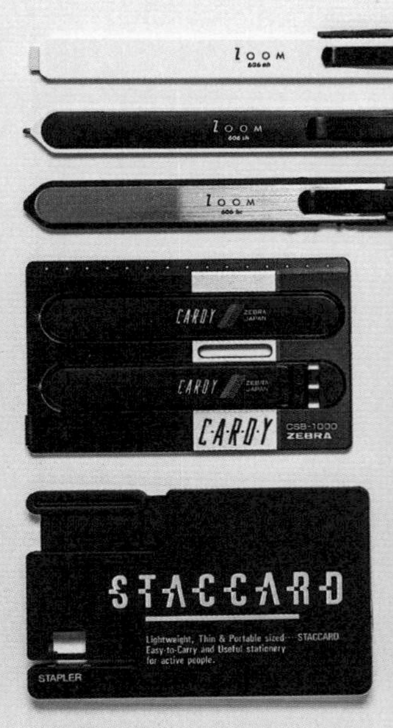

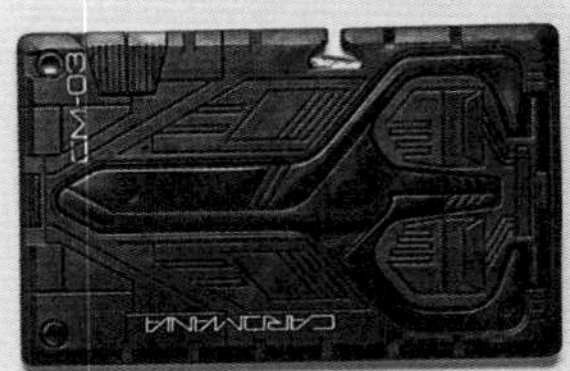

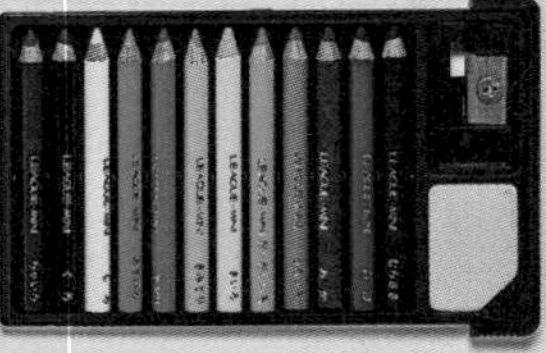

16

超薄文具的魅力

每當輕薄的產品出現，總給人千錘百鍊的感覺，就像是頂尖運動員一樣，身上沒有一點贅肉……

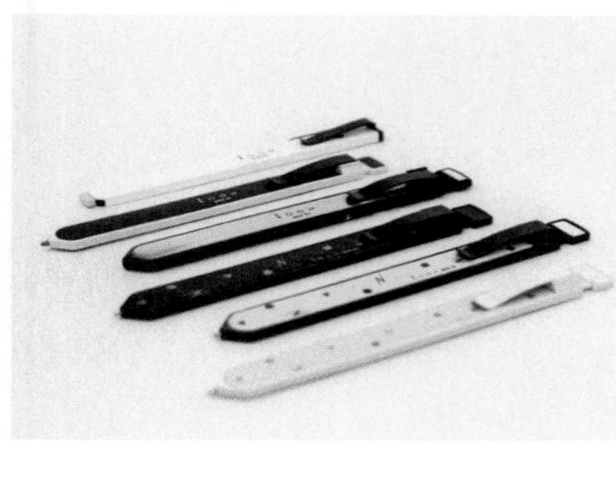

Zoom 600系列是我收集的第一件超薄文具。

在人類的工藝製造史上，把物品做得更輕薄，一直是設計與製造者的目標，也是我認為最困難的挑戰之一。正因為如此，每當輕薄的產品出現，總給人千錘百鍊的感覺，就像是頂尖運動員一樣，身上沒有一點贅肉。輕薄產品通常也帶有很明顯的極簡風格，這不足為奇，因為只有去蕪存菁，留下最需要的部分才能做到輕薄。

最具代表性的薄型文具

提到薄型文具時，Tombow的Zoom 600是非得介紹不可的代表性產品。雖然厚度僅與一枚硬幣相當，卻能開發出橡皮擦、原子筆、自動鉛筆、兩用原子筆等文具。不論什麼時候拿起Zoom 600，我都像是初相見般反覆端詳著它們，思考它們如何被設計、製造。由於薄型文具的零件都是特殊規格，無法與其他產品的零件交換使用，在經濟與庫存的考量下，只生產一批就停產的情況很多，幾乎不會成為常態性商品，因此流通於市面上的數量也不會太

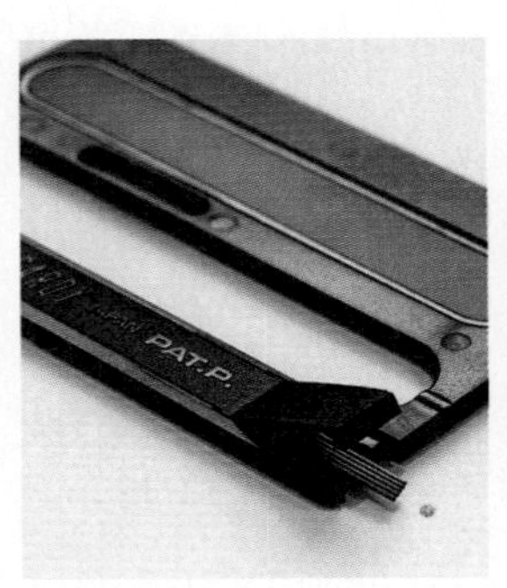

這款卡片型筆組甚至還有收納筆芯的空間。

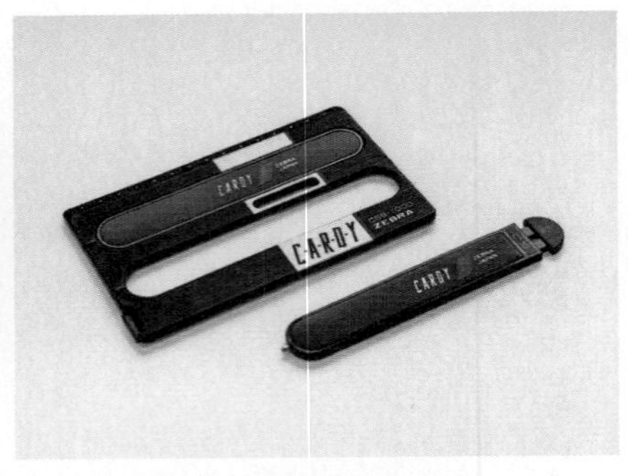

卡片型文具將超薄文具提升至另一層次。

多。

在薄型文具當中，有一種更加進化的文具類別，不僅做到輕薄，而且還把許多功能整合在一起，集結於一張如名片大小的空間中；以文具的「味道」來說，它比薄型文具多了「迷你」與「多功能」這兩種深度，因此讓人更加回味。它就是卡片型文具，也是我最喜歡的文具之一。

卡片文具曾在七〇、八〇年代流行過，最常見的就是名片型計算機。唸小學的時候，只能使用算盤或是筆算，計算機是違禁品，但我曾偷偷把名片型計算機帶去學校炫耀一番。而且我的計算機還是使用太陽能的型號，同學們常常會好玩的用手遮住太陽能板，看著螢幕上的字體逐漸淡去，字體愈淡、同學們的喧嘩聲就愈大。後來有其他同學帶了最新款式，可以記錄電話的名片型計算機來學校，雖然也有太陽能板，但用手遮住字體卻不會變淡，於是我也跟著其他同學，圍繞

可變形為機器人的卡片文具，是一款兼顧功能、設計以及趣味性的傑作。

卡片型釘書機的機構、尤其是送針裝置頗具巧思。

在那部計算機旁起鬨。

超薄文具的進化型

說起卡片型文具，我最喜歡的不是計算機這種電子類的產品，而是傳統式的文具。例如Zebra公司曾推出的Cardy系列商品，有書寫工具系列、刀具系列等，而且根據廠商的消息指出，Cardy的書寫工具系列與Tombow Zoom 600系列出自同一家代工廠，仔細一看，的確有許多相似之處。但Cardy是把原子筆與自動鉛筆整合在一張卡片上，而卡片還帶有直尺、筆芯收納的功能，幾乎已經是個功能完備的鉛筆盒了。

在我的文具收藏當中，我自己比較喜歡的卡片型文具有兩個，一個是由玩具製造商BANDI所推出的「卡片型文具機器人」系列，每張卡片都有一個主題，例如以刀具為主的卡片就收納了剪刀、美工刀等刀具，以尺規為主的卡片就收納了游標卡尺、直尺等文具，而且每一張卡片又可變形成為機器人，添加了趣味要素。別說小孩子看到會吵著要買，就連大人也難以抵擋它的魅力。

第二個則是由MAX公司所推出的卡片型釘書機。薄型化的釘書機並不少見，無印良品就有一款小巧的薄型釘書機，UCHIDA也曾推出一款我認為非常經典、亦獲得Good Design的薄型釘書機。但這些釘書機都只有在收納時才能維持超薄狀態，MAX公司開發的這款商品，不論在什麼時候，都能維持超薄的厚度。為此，這個釘書機把裝釘的方向轉了九十度，送針機構也與一般釘書機不同；初見到它的人經常露出一副不可置信的表情，沒想到，這樣的一張卡片竟然是台釘書機。

近來雖然卡片型產品推陳出新，卻有往工具用品發展的傾向。例如著名的瑞士刀公司推出的卡片型工

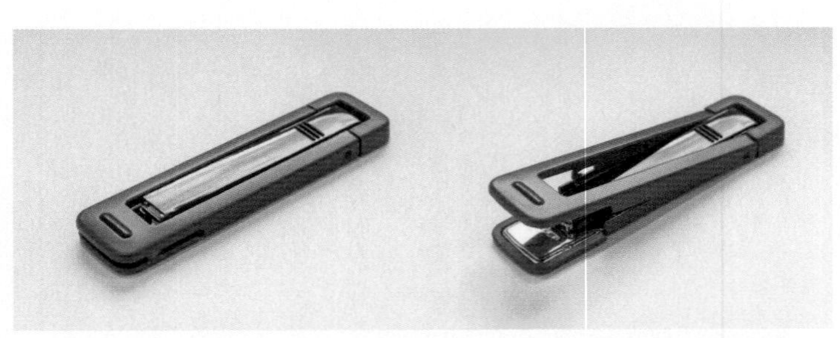

UCHIDA的超薄型釘書機具有鎖定功能，不用時可以平整收納。右圖為使用時的狀態。

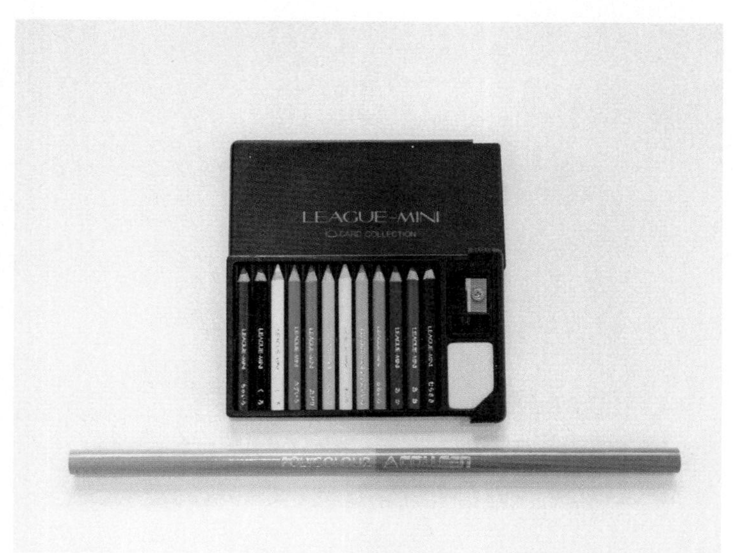

卡片型色鉛筆組，還附上縮小版的橡皮擦與削鉛筆器，筆桿上還印有色名。與正常尺寸鉛筆相較之下更顯迷你。

具組，或是卡片型扳手，甚至也有卡片型ＵＳＢ隨身碟等電子產品，但我總覺得這些產品的精采程度仍遜於二、三十年前的卡片型文具。就算現代科技發達，每當我看著這些卡片型電子產品，仍然無法激盪起小時候看到名片型收音機時的震撼感！這種數十年前的產品比現代產品更能帶給人感動的情況，也存在於其他文具。顯而易見的，這並不是技術或是科技造成的違和感，而是有些東西被人們給遺忘了……

17

溫熱的筆記本

透過用手製作的物品，把心意傳遞給使用者，讓物品能扮演好它的角色、讓使用者能夠愛用，我相信對製作者而言，這就是最大的欣慰……

這是為封面上膠的作業。上膠前需先把一疊封面等間隔攤開。

筆記本依製程需分包給不同工廠製作，這是早期自德國進口的印刷機。

馬喰町是一般觀光客較少去的地方，但對於跑單幫的買家而言卻是東京必去之處。這裡的批發店林立，有服飾、美容用品、玩具等各種商品批發店，而且它們大多不接受散客購物，甚至就連進去店內參觀都不行，只允許持有俗稱「批卡」的批發業者購買，相當具有神秘感。而這次我來到馬喰町站附近，並不是為了批貨，而是與Life筆記本的社長有約，前往製作筆記本的工廠，參觀下町職人如何以手工的方式生產筆記本。

筆記本背後的下町職人

Life筆記本依照製作方式的不同，分別交給幾個工廠生產，據社長說，這些工廠跟他們合作往來最久的已經是第三代了。

「我們Life現在也是第三代經營，因此，幾乎是當Life創立時就一直合作至今的夥伴。也因為合作了這麼久，大家都有了感

右圖：堅持傳統工藝的筆記本老鋪Life，能不改初衷持續堅持下去是我最佩服的地方。

上好膠的封面再交由下一位黏貼。

這個漿糊需視天氣狀況在配方上做微調。

情；我對他們的技術有信心，對方也全力配合我們。Life能一直堅持以手工生產，真的很感謝這些職人們。」

在這個被稱為下町的地區，目前仍有部分從事傳統產業的職人，默默工作著。

雖然下町在江戶時代就是工商業繁盛之地，然而這麼多年後，產業的變化讓許多職人紛紛轉型、投入其他產業，或是開設工廠進行自動化生產，只剩少數人仍延續之前的方式繼續維持生計。

他們雖然無法大量製造，成本上也難以跟自動生產線的商品相比，然而，這些一個個用雙手製作出來的商品，能讓使用者分外感受到製作者的心意，連帶的，也讓人想好好珍惜它。

街區中的家庭工廠

社長親自帶我參觀工廠，當車子在一棟平房前停下，門口有輛堆高機，

筆記本裁圓角就靠這台機器了。

已持續使用數十年的道具。

入口處垂掛著透明塑膠布，在這個已能感到微微寒意的季節裡，我懷疑這樣是否能擋住寒風。

我們掀開塑膠布進入屋內，有位看起來七十幾歲的老爺爺、一位老奶奶以及一位中年男子正盤坐在地上工作，一疊疊整齊排放的紙，堆得比他們還高。

我們的來訪立刻引起注意，但只有老爺爺與老奶奶起身招呼，中年男子只稍微抬頭看了看，手上的工作沒有因此而中斷、仍繼續進行著。

在齋藤社長的介紹下得知，老爺爺是這間製本所的社長，從事這行已經超過六十年的時間。

「你看到的這些道具，都是從戰後就使用至今，已經用了好幾十年。」老爺爺說。仔細一看，鋪在紙張下方的木板，由於經常拿取的關係，邊角都已經磨圓了，木板本身也散發出一種極具歷史感的光澤。

「所有工作就只有你們三個人負責嗎？」

「嗯，以今天的作業來說，我兒子負責上膠的工作。他把封面平均攤開，塗上膠水之後再交給我和我太太，把封面黏在本子上……

「因為上膠的動作比較快，黏封面比較花時間，所以需要兩個人一起做黏封面的工作，才能流暢的把所有步驟銜接起來，我們一個小時可以完成八百本。」

「而且，他們的膠水也很厲害，我第一次聽到時還不自禁的發出驚嘆聲！」齋藤社長以興奮的表情對我說。

老爺爺接著說：「這膠水是自己調的，我會根據當天的天氣來調整。乾燥得太快或太慢，都會影響作業。而且膠水的好處是乾了之後不會變硬，還能保有一定的彈性，適合用在製本上。」聽到這裡，我心想，雖然曾在電視上看過某某職人會根據當天的天氣來調整某某配方的節目報導，但親自從職人口中聽到這件事，還是讓我也忍不住發出了驚嘆聲。

由於我專注於聊天以及拍照上，沒注意到老奶奶消失了，因此當她端著咖啡以及淋上甜醬油的糯米丸子出現時，才知道剛剛老奶奶去買了點心，讓我頓時覺得不好意思，也對於這樣的熱情款待覺得有些感動。

「來吧，邊吃邊聊！」

咖啡配上糯米丸子，還淋上了甜醬油。我心想，這真是奇妙的搭配，而且這樣的搭配不像是臨時起意想到的，或許他們平常就有這種下午茶習慣，而且我也不得不承認，這樣的組合頗有下町的味道，實際品嘗之後，也覺得不錯。

我指著放在一旁，已經捆包好的筆記本，對齋藤社長說：「Life筆記本的封面，一直給我一種復古的

這款筆記本封面是採用早期紙廠標籤的設計。

燙金、壓上黑色字體也都是以人工方式完成。

感覺呢！」

「像這款筆記本的封面，是把以前製紙公司貼在紙張上，用來標示紙張種類的標籤拿來製成封面，由於標籤都是很久以前設計的東西，所以看起來自然有復古的感覺。」

齋藤社長指著另一款筆記本說：「封面上的字體不是黑字鑲金框嗎？從以前開始，我們就手工壓印，必須分兩次壓，一次壓出黑色部分，另一次壓出金色部分，這需要高度熟練的技巧才能讓顏色套得精準。你摸摸看，應該可以感覺出壓印後在紙面留下的凹凸感。」

傳遞給使用者的心意

之後我們邊吃邊聊，聊天中也開始穿插一些非關製本的話題。不過，當話題回到本行時，老爺爺還一時興起，操作裁紙機，示範起裁紙的流程。雖然只是短暫停留三十分鐘左右，卻已上了一堂濃縮了數十年工作經驗的製本入門課。

除了紙類商品外，也有職人製作的皮革筆袋，是近年來新開發商品。

下町風味的午茶時間結束後，我和齋藤社長離開了製本所，搭上回程的計程車。在車上，社長對我說：「職人的手藝很厲害吧！其實呢，筆記本賣得好不好還是其次，我比較希望能讓消費者知道，這本筆記本的好處在哪裡。它們都是職人用雙手一本本做出來的，希望消費者也能好好使用。」

如果換做是我，應該也會有同樣的期望吧！

由於我閒暇會製作一些家具或是器物送給親友，但送出的那一刻，經常有種不捨的感覺，好像是把自己的一部分割捨出去般，有時候甚至會有股衝動，想知道那個東西現在怎麼了？有好好被使用嗎？這應該就是社長此刻的心情吧！若能透過用手製作的物品，把心意傳遞給使用者，讓物品能扮演好它的角色、讓使用者能夠愛用，我相信對製作者而言，這就是最大的欣慰。

18

文具設計思考

文具可以是手的延伸、思考的延伸……

Tombow 414系列是我最欣賞的多功能筆之一，由形見先生設計。

形見先生是Tombow公司的首席設計師，他設計過不少經典文具或擔任推手，在理論與實務上有深厚的底子。我曾與他見過幾次面，每次總能在交談中獲得一些東西。雖然有些內容已經回想不起來，但還是把這些對談中有關於文具設計的部分，就我印象較深的幾點整理出來，希望能給有志於此的朋友帶來幫助。就算志不在此，也可藉此了解從不同視點來看文具，會呈現什麼樣的世界。

第一次與形見先生見面之前，我稍微用了點小心機，把Tombow Zoom 414這支筆帶在身邊，雖然說是心機但也不盡如此，因為我平時的確有使用這支筆，只不過這次在出門前特別叮嚀自己要帶上它。

右圖：Tombow這款兒童鉛筆磨掉尾端的銳角、縮短筆身長度，都是針對兒童所做的安全設計。

Tombow 101的筆桿輕量化的秘訣
就是從高爾夫球桿得來的靈感。

一支筆開啟話匣子

果然如我預料，與形見先生見面並自我介紹之後，他注意到我夾在上衣口袋中的Zoom 414。會注意對方使用的文具，應該是這個圈子裡每個人的習慣吧！

形見先生指著我的口袋說：「那支筆是我設計的。」

我笑著說：「我知道！在所有多功能筆當中我特別喜歡這一支，它沒有一般多功能筆的粗筆桿，外型簡單、洗練，相當經典的設計。使用它的時候甚至連心情都會感覺到有些轉變……該怎麼說，應該變得正經一些吧！」

「哈哈！」形見先生也笑了，他說：「我在設計這支筆的視覺時下過工夫，筆桿太細的話，不僅製造上會增加難度，還得考慮到使用性的問題，太粗則看起來笨重，因此這支筆的筆桿採兩段式設計，前段（握位）的部分在筆桿粗細與握感上取得平衡之後，後段的筆桿則讓它變得更細。如此一來，整支筆不僅有苗條感，筆的表情也變得更豐富！」

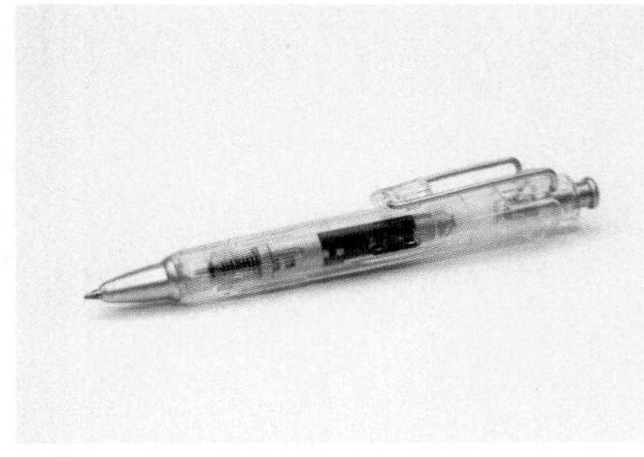

Air Press加壓式原子筆不論在書寫上或是外型設計上都有許多講究之處。

就這樣，我們從這支筆開啟了文具的話題，在接下來的幾次見面中也聊得非常盡興。

突破既定思考框架的設計

有次聊到形見先生的設計經歷才知道，原來他進入文具公司之前曾待過不同產業，因此也做過電器等各種商品的設計。這些經歷使他有了不侷限於框架中思考的方式，在文具設計時也解決不少問題。

「Zoom 101這支碳纖維鋼筆，體積相較其他使用同樣材質的鋼筆還要輕的秘密，在於Zoom 101的筆桿內並未加金屬管。一般碳纖維筆桿由於怕強度不夠，會在筆桿內加入一根金屬管做補強，但這麼一來，特地用上碳纖維材質卻不能發揮輕量化效果，只剩下視覺上的美觀而已。我們不想這麼做，但又有強度的問題要考量，為了克服這點，就想到了高爾夫球桿的製造廠商，於是與他們合作，開發出不加金屬管、又能擁有足夠強度的做法。」

既然談到了製造，我想起設計與製造經常有意見衝突的時候。尤其製造人員會抱怨這樣的設計做不出來等等，我問形見先生是否有遇過這樣的情形。

他說：「這種經驗我當然遇過不少次，設計師不能只會設計，對於製造上的事情也要了解，這點很重要。有時候製造者會因為怕麻煩就以做不出來為藉口，因此設計師要具備基本判斷的能力。如果知道對方只是在推託，而且為了達到所要效果就必須採用這種方法時，設計師就必須堅持，同時也要設法說服對方。而且也不只是設計與製造者會有意見衝突的時候，設計與技術部門也是如此，同時還需參考業務部門的意見。所以當設計師也不容易喔，除了設計這項本業、也要了解製造，除此之外，或許最重要的就是懂得溝通吧。」

關於這點我也深有同感。以前我在任職的公司中雖然不是擔任設計，但卻需要在設計、技術、業務三個單位之間協調，因此看過不少意見上的衝突，每個單位對於對方多少都存有「你不懂啦！」的心態。「你不懂」看起來雖是氣話，但也何嘗不是答案呢？如果能從相關單位的工作了解起，應該會對問題有所改善，甚至還能成為助力。如形見先生所說，設計師能了解製造、技術面、甚至是行銷面的一些知識的確是滿重要的課題。

不諱言Tombow是我認為在文具與人的關係上有認真思考的公司之一。這點也在某次聊天中印證。當時我問形見先生，Tombow文具與其他廠牌的最大不同點在哪裡？

從使用者角度出發

「我們會從使用者的角度來思

鉛筆筆蓋雖是不起眼的小配角，但經過設計之後也可帶來許多便利。

考，設計出對他們而言能帶來幫助、更便利的文具。以Air Press來說，在某些工作場所中的人偶爾會有朝著上方寫字的需求，因此設計出這款用按壓方式即可對筆芯加壓，讓墨水在任何角度都可以流暢書寫的筆。也由於有時候穿著工作服，質料較厚，因此筆夾設計成可以夾在較厚的布料或是包包背帶上，而筆身較短的設計則是方便放入口袋中，在狹小空間中書寫時也較靈活。」

原來短筆桿的設計還有這麼多考量，頓時有點豁然開朗。我以前只注意到加壓機構與筆夾設計，倒是沒想到這裡去！看來在開發這項商品時他們做了不少使用者研究。

「此外，許多文具只要塗上鮮豔色彩，或是印上卡通人物之後就號稱是兒童文具，但我們對父母親做過許多研究調查，作為兒童文具設計的參考。例如我們的兒童鉛筆在尾端的地方，做了邊角磨圓的處理，因為兒童寫字時，鉛筆尾端距離臉比較近，這麼做可以降低碰傷臉或戳傷眼睛的可能性；也因為同樣的理由，我們縮短兒童鉛筆的長度，進一步降低危險性。總之，就是希望推出讓使用者覺得好用的文具。」

雖然這些設計上的思考方向是Tombow所重視且貫徹的方針，但我覺得也一定程度反應了日系文具的設計特色。因此，經過這幾次的談話後，讓我對日系文具的設計有了比以前更明晰的輪廓。如果把文具分為歐美以及日系兩大版塊，比較起來，日系文具給人一種在細節上更加重視的感覺。但所謂細節並非只是外觀上的設計，考慮到使用者的情況也是展示細節的方式、而且更能直達人心，如果只是在文具的功能上鑽研——如何讓筆更好寫、橡皮擦能擦得更乾淨，那就仍然只是把文具當成「物品」看待而已。文具可以是手的延伸、思考的延伸，幫助人們完成工作、解決不便，若要做到這種程度，還是得從使用者的角度來思考文具才行。

19

金色之秋，收穫的街道

即使有這麼多舊書連鎖店，仍然無法取代神保町在我心目中的地位……

左：在神保町的巷內往往可以找到一些有味道的咖啡店。中：神保町的書店幾乎都像這樣，書本堆滿店內外。右：站在神保町街頭閱讀的人們。

在日本各車站附近常見的BOOK OFF是一家舊書連鎖店，同時也是我尋找舊書的重要據點。如果去東京時剛好有多餘的時間，我就會看看附近有沒有BOOK OFF，然後進去找些感興趣的書。

有時候在店裡可以看見店員把舊書的邊緣，用一台機器稍微磨掉一些，因此舊書看起來總是有種清潔感。然而，即使有這麼方便的舊書連鎖店，仍然無法取代神保町在我心目中的地位。

為了收集文具以及其他領域的研究資料，我偶爾會去神保町舊書街找書。我承認網路的確很方便，努力挖掘的話可以找到許多參考資料，但網路畢竟是近代的產物，年代較久遠的資料可能就沒有那麼豐富，仍然要從舊書刊等印刷物中找尋。

在神保町站下車，踏著階梯重返地上，來到這個在《挪威的森林》中，渡邊與直子散步的街道。首先映入眼簾的是一個用書堆砌出

東京堂書局一樓附設咖啡座，不過書要結帳後才能攜入。咖啡店有免費無線網路可用。適合在這裡稍作休息，上上網，整理一下之後的行程。

來的街廓，說是用書堆砌出來一點都不誇張，幾乎每家書店的書都排滿到店外，並且佔據了人行道。即使推著滿載書本的推車，送貨員依舊能夠在人群中穿梭自如，只見書本晃動，卻沒有要掉下來的跡象。

樓頂廣告招牌上刊登的不是骨感的時尚模特兒，而是新書封面。我慶幸這次來得正是時候，街道旁的銀杏葉正黃，給人一種懷舊的氣息，正好與神保町的氛圍相契合。我心想，果然還是這個季節的神保町最棒。

東京堂

神保町最大的書店應該是「東京堂」。深綠色的店面、大片玻璃窗，不仔細看，還以為是間咖啡店。

在東京堂一樓，的確設置了一個Café區，就連名字都很有書香

左：在東京堂斜對面的Chez moi，是尋找居家生活、手作等書籍的好地方。右：走在神保町街道上，抬頭看到的都是書店招牌。

味，叫做Paper Back Café。神保町的大多數書店都是傳統式書店，直抵天花板的高聳書櫃，一落落放在地上仍被綑綁著的書，以及與人錯身而過時稍嫌狹窄的走道……在神保町，「東京堂」是少數在經營型態與店鋪規劃上與其他同業不一樣的書店。

Chez moi

距離東京堂不遠處，有間與東京堂屬於同一集團的書店叫作Chez moi，是我每次在神保町逗留最久的書店之一。Chez moi是法文「家」的意思，店內販售的書籍與雜誌也是與居家生活相關的主題，例如飲食、手工藝、繪本、旅行等，沒有政治、經濟……這些看了令人心情沉重的書，是一間能讓我放鬆心情的書店，往往待著待著就忘了時間。

還記得第一次發現這家書店時，感覺上像是女性書籍的專賣店，而且當時店裡也只有女性客人，讓我躊躇了一陣子，不知該不該進去。Chez moi除了書籍以外，也販賣衣物與飾品配件，這是另一個具有特色的地方。

文房堂

文房堂是位於神保町的一間畫材店，所在大樓的外觀有種早期洋房的味道，向外突出的窗台以及花草紋柱飾，與神保町街道的氛圍再相襯不過。雖說畫材店以販售油畫、水彩、版畫等繪畫用具為主，一般用的文具不多，但我還是喜歡進去逛逛。

這次在文房堂，我買了一把竹尺以及沾水筆桿，就算平常不會用到，買來作為此行的紀念物也不錯。

左：南洋堂的外觀在神保町建築群中獨樹一格，建築書籍非常豐富。右：文房堂是一家自1887年就創立的畫材店，雖販賣畫具但有些也可當作文具使用。

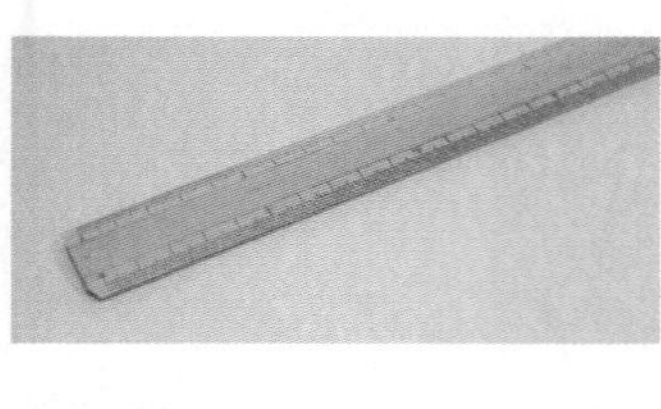
在文房堂入手的竹尺，刻度很精細，可到0.5mm。

南洋堂

走到神保町舊書街區的外緣地帶，有間也是我每次必去，非向大家介紹不可的書店，叫作「南洋堂」。在這一帶的建築物當中，南洋堂書店的外觀顯得現代許多，走在神保町街上，很容易就能發現它的存在。

這棟四層樓建築的書店專門販售建築、室內設計相關的書籍、雜誌，而且不論日、洋或是新、舊書籍都有。

雖然我不是學建築或是室內設計，但很喜歡翻閱這類書籍。南洋堂的空間不大，然而挑高的設計讓人即使身處密閉空間，也不會有壓迫感。由於挑高之故，二樓的部分地板是開放的，畫出流暢曲線的欄杆立在開放地板旁，高度適中的書櫃就倚著牆壁擺放。

站在欄杆旁往下俯瞰一樓，是我認為書店中最美的景色。南洋堂四樓則是一個小小的藝文空間，經常舉辦一些展覽活動。

南洋堂於二〇〇七年委託菊地宏建築設計事務所進行改建設計。其中一項較大膽的設計就是將入口移到建築物側面。建築師認為若把入口設置在靠馬路的正面，客人往往不會欣賞建築物，而直接進入店裡。此外，由於光線從正面照射過來，如果在那裡設置入口，人員的進出會擾亂光線，使光線不安定，而且正面不設置入口就能裝設一面大落地窗，讓充足的光線得以進入室內、從室內又可看到外頭那棵高大的銀杏樹（內容參考自www.lixil.co.jp）。

食慾之秋

說到食物，我覺得與舊書街最搭的莫過於咖啡與咖哩了。為什麼會這麼認為，原因卻也說不上來，大概是咖啡與咖哩的顏色與舊書頁一樣，都是黃褐色系的吧！這麼說來，我喜歡銀杏葉變黃時的神保町，莫非也是這個原因？不管了，反正每次來這裡逛街，我都一定要吃個咖哩飯再走。

而且，我想再澄清一下，認為咖哩與舊書街最搭的人或許不只我而已喔，因為神保町在東京可是咖哩激戰區，這應該不是單純的偶然吧！

在神保町，我最推薦的咖哩餐廳是「Bondy」，這間餐廳的隱密指數頗高，

magnif是舊雜誌專賣店，不乏古董級的雜誌。藏書的數量很驚人，有些雜誌的價格也很驚人。

而且即使找到地址、看到招牌，也還不一定能來到店門口。Bondy是在一棟大樓的二樓，我第一次來的時候從大樓入口處的樓梯上到二樓，卻只看見一間書店，於是下樓再度確認。

「招牌雖小，但確確實實掛在大樓外牆沒錯啊！」我又上到二樓，以狐疑的眼神看著書店。

或許是我的形跡引起店員注意，料想他也對這種情況司空見慣，因此開口的第一句話就是：「要找Bondy的話，請穿過書店。」從此之後，這家書店的小走道就成為我每次來神保町的必經之處了。

每到用餐時間，Bondy一直都是有人排隊的狀況。這次來神保町，本來早上天氣不錯，下午卻開始下雨。也不知是否因為下雨的關係，來Bondy的客人更多了，隊伍都排到樓梯上，或許大家想吃些咖哩來暖暖身子吧。

在排隊等待期間，服務人員會發放菜單讓客人先選擇，現在剛好是廣島牡蠣最肥美的時候，因此店內推出了季節限定的牡蠣咖哩，當下就決定點它。

我幾乎每到神保町就會光顧Bondy，咖哩好吃，店內也有懷舊洋食館的風格。咖哩附上蒸熟的馬鈴薯，這樣的份量可以吃得很撐（圖中的馬鈴薯是兩人份）。

等了二十多分鐘後就座，才剛坐下沒多久，就送上帶皮蒸的馬鈴薯，旁邊還附著奶油塊。馬鈴薯的吃法有兩種，可以直接用手扒成小塊，抹上奶油搭配著吃，也可以等咖哩飯來了以後放在飯中、以湯匙搗成小塊搭著飯吃。兩種方式都建議試試，而且店家給的馬鈴薯份量很足夠，我還沒有一次吃完過。

Bondy咖哩飯的另一個特色，就是在白飯上撒了起司。飯的熱度將起司稍微融化，淋上咖哩醬之後就整個融合在一起。咖哩的辛香味比一般明顯，醬汁中還可看出蔬果熬煮後的碎末，嚐起來有股濃郁且甘甜的味道。

牡蠣咖哩還附上配菜，是點了這餐的小驚喜，我沒想到配菜竟然是鳳梨片。鳳梨片有點粉紅色，想來是浸泡過石榴糖漿吧，吃起來甜滋滋的，與咖哩的搭配卻是絕妙。而身為咖哩主角的牡蠣也是鮮美好吃，尺寸比一般常見的牡蠣大些，但口感卻很扎實，沒有鬆散的感

金ペン堂不只是神保町的老鋼筆店，在東京地區也很有名氣。

覺，一口咬下盡是濃郁的牡蠣味道。

在吃完咖哩、微微冒汗之際，我把只剩半杯的冰開水注滿、一口氣喝光，整個人彷彿被沖洗過般舒暢。

原本無味的冰開水，卻能帶來如此的滿足感，我一直覺得不可思議，應該說這樣的感覺也只有冰開水才辦得到吧。咖哩與冰開水，是我心目中的黃金組合。

結帳時，門口雖然仍有人排隊，但隊伍明顯縮短了些，大概是午餐時間已過。每次來到Bondy，總是能滿足我身上每個渴望咖哩的細胞和味蕾，我背著裝滿書的包包，心滿意足的走出這棟大樓。這時候雖然下著雨，但車站的入口就在不遠處，我也懶得把傘撐開，於是快步走向通往地下的入口。

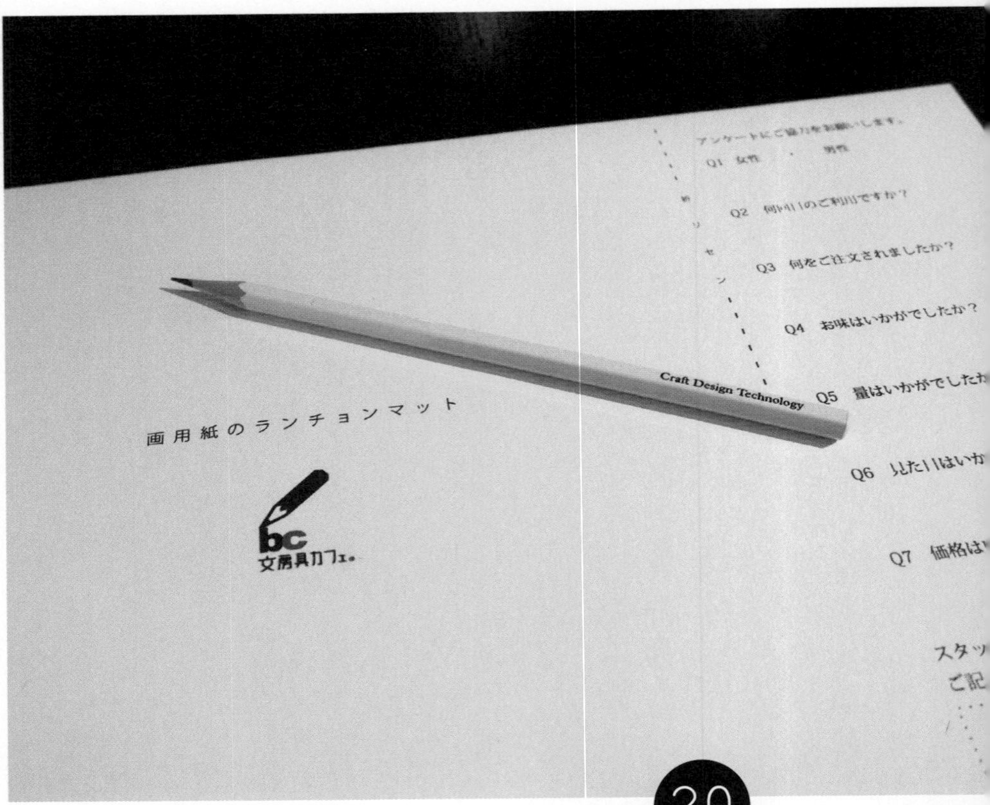

20

為文具而生的空間

這些文具與店已融為一體，與其說它們是被販賣的商品，不如說更像是在店中展示的擺設，屬於整個空間的一部分……

左：約翰藍儂伉儷也為之傾倒的Imagine咖啡。右：文房具Café不難找，隔壁就是便利商店。

二〇一二年才開幕的文房具Café，位置就在表參道Hills不遠處，隱身於巷弄中的某棟建築物地下室，自開幕以來，就引起了不少討論話題，平面與電視媒體的採訪接踵而來，就連台灣的電視台也前往採訪。

我對文房具Café的興趣不僅僅在於它特殊的經營模式，也被它經常舉辦文具有關的活動、座談會所展現出的熱情而吸引，因此趁著到東京的機會參觀一下，同時拜訪負責人奧泉先生。

文具與咖啡的結合

雖然店家位於地下室，但入口處的招牌還算明顯，隔壁有間7-11，附近還有まい泉炸豬排店，若要前往文房具Café，只要記住這兩個明顯的標的物，應該不難找到。まい泉的豬排三明治是我以前在東京唸書時，下課後經常購買的點心，三小塊的份量對微餓的

右圖：不愧是文房具Café，就連桌上的鉛筆都是高級品。

肚子來說剛剛好，吃了以後也不會吃不下晚飯。

我提早抵達店裡，在告知服務人員來意後，大概是為了方便與奥泉先生談話，她幫我安排在距離其他客人較遠，不會打擾其他客人的位置。

入座之後我大致看了看周圍環境，店內空間滿寬敞的，客人大約坐滿一半，應該算是還不錯吧。原本以為來的人都是年輕人，沒想到也有五十歲左右的客人在。翻閱手上的菜單，我發現文房具Café的菜色內容不算豐富。我點了服務人員推薦的「日替定食」，每天的菜色都不同，今天則是漢堡肉鑲半熟蛋。如果點日替定食又點咖啡的話，還可享受咖啡半價的優待。

說起這杯咖啡，據說在一九七八年時，約翰藍儂與其夫人洋子小姐在銀座的咖啡店初次喝到之時非常喜歡，甚至連來了三天，店家也因此以〈Imagine〉這首名曲作為咖啡的名字。

文房具Café則是向該咖啡店購入烘焙好的豆子，在店內重現咖啡的味道。我是在店門口的介紹牌上看到這段咖啡逸事，因此在決定餐點之前我已先打定主意，要點這杯咖啡來好好品嘗一番。

如同店名一樣，店內的許多角落都擺放著文具，在結帳處附近還規劃了一個文具專區，放置一些主力商品。在這間店裡有點像是置身於文具店的感覺，但耳邊傳來的杯盤碰撞聲、空氣中飄來的陣陣食物香味，又把我的認知拉回Café的場域，可說是兩種截然不同空間結合後所誕生的場所。

就在我專注於欣賞某個文具櫃時，突然之間，一名身材頗壯碩的男子出現在我面前，大概是我看得入神了，完全沒有察覺他的到來。

「你好，我叫做奧泉。初次見面，請多指教。」

我急忙想拿名片出來交換，卻因突如其來的這一幕，讓我連名片放在哪個口袋都忘記了！在尷尬

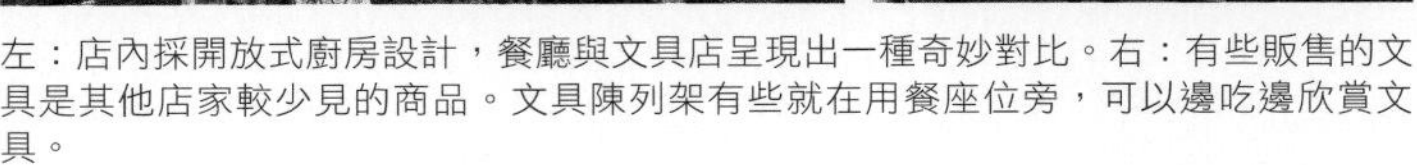

左：店內採開放式廚房設計，餐廳與文具店呈現出一種奇妙對比。右：有些販售的文具是其他店家較少見的商品。文具陳列架有些就在用餐座位旁，可以邊吃邊欣賞文具。

的氣氛下，摸遍三、四個口袋才找到。

「你好，我是文具病的Tiger……」

獨樹一格的採購方式

在交換名片之後，奧泉先生將他手上那本塞滿東西、非常飽滿的筆記本放在桌上，接受我的訪問。

「這間店是我和我弟弟一起經營的，我們原本就是從事文具批發的事業，後來有了想做些不一樣事情的念頭，於是規劃這間店的開設事宜。」

「我注意到店內的文具並沒有大眾化的品項，例如中性筆、魔擦筆等，你們是怎麼挑選文具的？」

「文具不是我挑的喔！」聽到他這麼說，還滿出乎我意料之外的。

「通常文具廠商會提供我們樣品，而我們則不定期在這裡召開討論會，把文具樣品拿出來一起討論，大家覺得不錯的就留在店內販售。」

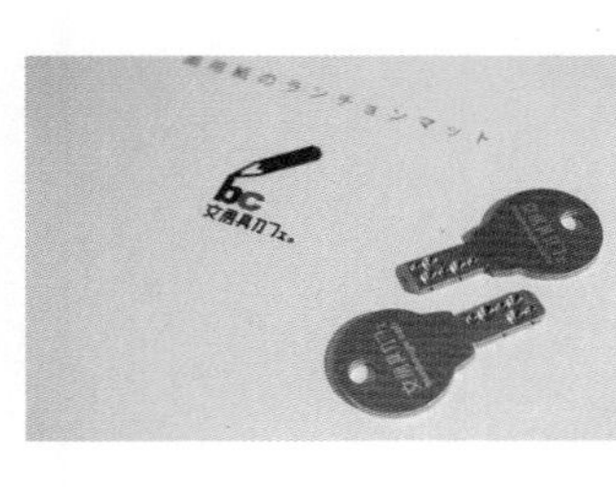

加入會員就可以獲得鑰匙。

「大家!?有哪些人來參加討論呢？」

「都是客人喔！我們在網路上刊出下次開會的日期，有興趣的客人就會前來參與討論。」

我心想這樣的方式還滿不錯的，雖然參與討論的客人未必都是對文具市場脈動有足夠掌握度的人，但他們都是會來文房具Café光顧的族群，既然這裡的文具並不是要賣給普羅大眾，了解特定族群的需求也就足夠了，而且仔細觀察這裡的文具之後，或許用這種方式挑選出來的文具能吸引那些對文具有更深一層狂熱的人也說不定。

抽屜裡的秘密

「對了，你看過抽屜裡的東西沒？啊！我忘了你沒有鑰匙，請等我一下！」

奧泉先生向櫃檯比了個手勢後，從店員手上接過了某樣東西，想必就是他口中所說的鑰匙吧。

「來，你開開看。」奧泉先生把鑰匙放在我面前。

「Café裡的每張桌子都有個上鎖的抽屜，如果加入會員的話，就能獲得一把鑰匙，它可以打開這裡任何一張桌子的抽屜，並且使用裡面的文具。

「當然，每個抽屜裡的文具都不太一樣，我們也會不定期更換抽屜裡的文具，而這些文具也是廠商提供的樣品。」

我打開抽屜後，翻動著裡面的文具，端詳一番。這個抽屜裡放了蠟筆、鉛筆、筆記本、一些貼紙，還有橡皮擦，而筆記本幾乎已經成為公開留言板，上面寫著來訪客人的感想等等，甚至還有人寫著自己的心願，好像把筆記本當成是繪馬

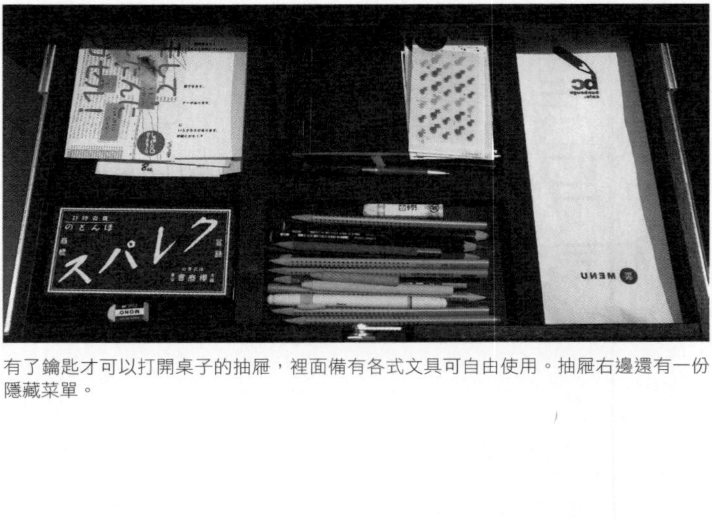

有了鑰匙才可以打開桌子的抽屜，裡面備有各式文具可自由使用。抽屜右邊還有一份隱藏菜單。

椅面與桌面的長寬比與A4紙相同。

（在日本神社中用來寫下願望的一種木牌，寫完後繫在架上）一樣。此外，在某個抽屜裡，我還發現一本有「台灣味」的繪圖本，裡面都是與台灣有關的留言或是繪圖，日本人、台灣人的留言交雜其中，讓我印象最深刻的一篇留言寫著「和平解決釣魚台問題」，看了不禁會心一笑。再打開其他桌子的抽屜看看，內容不太一樣，但多半都備有書寫與繪圖用的文具。

在抽屜的角落裡，我還發現一份摺頁，封面印著「裏」這個字，以及文房具Café的名稱。「原來如此！難怪我覺得這家店的菜單內容有點少，原來還有這份隱藏菜單啊，而且要加入會員之後才能看到！」

這時候，餐點來了，奧泉先生與我邊吃邊聊。

「店裡的裝潢有許多都是出自我們兄弟倆的構想，例如那張桌子……」奧泉先生指著較遠處的一張長桌，桌子以一種奇妙的線條彎曲著。「那張桌子的造型是我弟弟隨手畫的，畫好之後，我們都覺得這樣的線條很好看，因此就請師傅做成桌子。

「還有，現在你坐的這椅子以及桌子，也是我們自己設計的。」

「你看這桌面的長寬比例，是根據Ａ３、Ａ４那種紙張的比例來設計，椅面也是如此喔！」

我看著桌子，恍然大悟的頻頻點頭。「從文具來發想、設計成桌椅這點，真不愧是文房具Café，連這樣的細節都想到了。」

據說來這裡消費的客人當中，有不少都是業界相關人士。能夠像這樣待在一個與自己興趣相關的地方、周圍坐著擁有相同興趣的客人，給人一種自在的感覺，若是住在東京，我一定會經常來光顧。而在聊天過程當中，奧泉先生還介紹了一位剛好來店內用餐，在三菱鉛筆上班的朋友給我。

此刻，我開始了解為什麼秋葉原一些主題餐廳，能夠擁有高人氣的原因了。

令人難忘的魅力空間

期待的餐後咖啡上桌了，在濃郁的咖啡香氣薰陶下，不自覺想起〈Imagine〉那首歌的旋律。我是一旦想起某首歌的旋律時，就會在腦海中反覆播放好一陣子、甚至一整天的那種人。喝完咖啡後，我在各文具櫃前瀏覽。雖然對於「文具

做成郵包模樣的磁鐵。

病」重症患者的我來說，這裡擺放的文具都是以往見過的商品，但仍然會想再拿起來，好好研究。

或許是因為這裡的商品由同樣愛好文具的客人所選出來的，總覺得這些文具與店已融為一體，與其說它們是被販賣的商品，不如說更像是在店中展示的擺設，屬於整個空間的一部分。

細細看完所有文具之後，我向奧泉先生道別，而他也以豪爽的語氣跟我說：「要保持聯絡，我再介紹一些朋友給你認識！」說完還拿了一包文具給我，裡面的筆、橡皮擦都印有文房具Café的logo。

我踏上牆面擺放著文具的階梯，離開這個為文具而生的空間。離去時，腦海中依舊流轉著〈Imagine〉的旋律，相信今後想起這首曲子時，應該都會想起文房具Café吧。

走沒幾步路就來到了まい泉門口，於是我買了一份美味的豬排三明治，把這份回憶一起打包回去。

21

文 具 景 點

表參道的文具和雜貨

所謂的文具店，顧名思義就是專門販售文具，
但在許多情況下，其實文具與雜貨兼賣……

表參道Hills裡的MARK'STYLE TOKYO，販賣雜貨與文具。

所謂的文具店，顧名思義就是專門販售文具，但在許多情況下，其實文具與雜貨兼賣，這時候要說它是文具店，不如說更近似於雜貨店。而在原宿車站的表參道附近，有許多這樣的店家隱身於巷弄之中，若計畫去文房具Café時可多安排一些時間，在這個區域逛一下。

表參道最有名的就是表參道Hills了，而在它的地下三樓有兩間文具與雜貨專賣店可以推薦給大家，分別是MARK'STYLE TOKYO以及DELFONICS。

MARK'STYLE TOKYO算是比較偏重雜貨的商店，不過店內的文具還是不少，也陳列了MARK'S旗下的文具品牌，例如它有一系列以旅行為主題的商品就頗受歡迎，店內還有販售雖是裁縫道具，卻可當作文具使用的商品。

不用說，愛好文具的人應該都知道DELFONICS。它除了推出自有品牌文具之外，也代理其他文具，在東京開了不少分店。我在表參道Hills的店內看到幾把來自德國的剪刀，作工頗精緻，看起來就很好用的樣子，不過價格不菲。店內的文具有多數來自歐美，想尋找非日系文具的話，來這裡就對了。

右圖：位於巷子內的Assist On實體店面。我是他們的老客戶，經常在網路商店上購買，商品特色是有設計感的文具、雜貨。

同樣在表參道Hills的DELFONICS，有些文具屬於高價位路線。

表參道兩旁的巷弄內隱藏著許多好店。例如Zakka這家店可說是日本雜貨店裡的前輩級名店，開店至今已近三十年。自二〇一〇年後搬來目前的新址，雖然地點不好找，但絕對是喜愛雜貨的朋友們不可錯過的地方。

Zakka目前位在一棟獨棟的樓房中，門前還有棵不算大、但也不小的樹。拾著短短的階梯而上就可進入到店內；比起舊址，這裡的氛圍更令人感到舒服。

店內的東西比起其他雜貨店並不算多，但每樣都給人溫暖的感覺。有時候店主人會在縫紉機前工作，客人進門時則不忘抬起頭來說聲「歡迎光臨」。像這種能看見工作狀態的店家，總是有一股特別的魅力，深深吸引著我。

Assist On是一間我經常透過網路購買商品的店家，它雖以雜貨為主，但也販售一些文具，我的木製美工刀就是在Assist On購買，而它的實體店面就開在表參道旁的巷子內。

Assist On是一棟位於路口的兩層樓建築，在峰迴路轉的巷子裡發現它時，會有一種「這裡怎會有如此顯眼建築物」的不真實感，銀色外觀的建築物，在燈光的照射下，比周圍的房子來得顯眼許多，彷彿在發光一樣。

一樓主要是陳列新商品或是配合活動展出的商品，二樓則是一些常態商品，內容很豐富，挑選的眼光也不錯，但也是容易讓人荷包大失血的一家店。

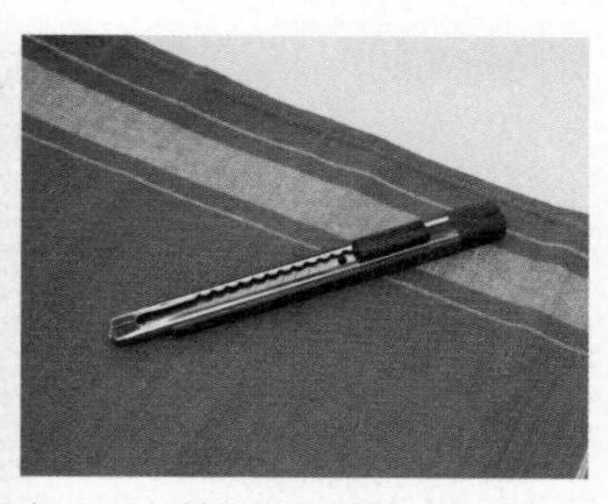

左：Zakka是雜貨店中的名店，手作商品是它的特色。右：在Assist On購入的木製美工刀。

Helix
OXFORD
MATHEMATICAL
INSTRUMENTS
i-press
i-press
PAID
Additional Plates
For Multiple Phrases
PAPYRUS

左：Freiheit店內空間不大，以歐美文具為主。右：隱身於小巷中的公寓內，只有這個小招牌作為指示，找的時候要睜大眼睛。

在竹下通出口附近，有一間隱藏在不起眼建築物內的文具店叫作Freiheit。尋找這間店的難度又更高了！除了招牌不起眼外，店位在一棟看起來像是公寓的大樓內，記得第一次來訪時，我還曾懷疑自己是不是走錯了，在外面猶豫了一陣子，才敢踏進門。

穿過一樓的走廊，走廊旁邊是整排的信箱。從樓梯走上二樓，左轉就可看見這家店。店內的空間不大，是袖珍型的店鋪，以歐美的產品為主，偏重於紙製品，但也有些書寫用具，以及有趣的文具。店裡有一款法國的鋼珠筆，使用鋼筆墨水管供墨，筆桿是用一段段的、如積木般的圓柱體組成，而且可以打散再重新組裝，正是我以前就一直想入手的商品。

右圖：Freiheit店內陳列了適合不同年齡層使用的文具，大人、小孩應該都能找到喜歡的東西。

22

旅人的秘密基地

「我們是想要讓來訪的人有一種旅行的感覺……」

左：Traveler's Factory連老底片相機都賣，這可不是展示品喔！右：第二次來訪，終於讓我找到了！

這是我第二次為了尋找Traveler's Factory而來到中目黑。第一次來的時候，我在地圖上標示的位置附近繞了半小時仍然找不到，回去之後才發現原來把位置標錯了，難怪怎麼繞也繞不到Traveler's Factory。數個月後，當我打算第二次前往時就做好萬全的準備。首先，將地圖的位置確實標好，還找了第二個人來幫忙確認是否正確無誤，地址、電話號碼也一併抄寫下來，以備不時之需。

Traveler's Factory是一棟兩層樓高的建築，坐落在住宅區中，隔壁住宅的陽台上還晾著衣服。建築物外牆是一般民宅常見的米白色，旁邊則是一個小型停車場。

早上十點半，四周卻靜悄悄的不見半個人影，只有我以及這棟建築物。

我在門外探頭探腦了一陣子，裡面燈光開著，似乎有人影晃動，正當我猶豫著要不要敲門時，裡面的人朝向門口走過來。

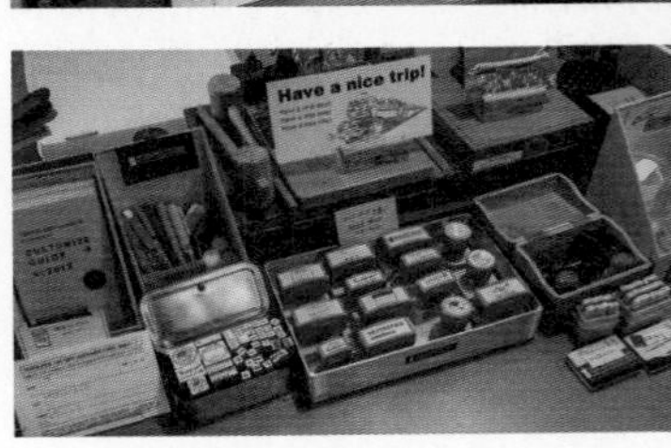

左上：來自印度的木頭印章，應是手工刻的，很漂亮。左下：非常熱門的蓋印區，經常有人在這裡蓋印章。右：這裡是擺飾、皮件小物區。

「你好，是Tiger嗎？外面很冷吧！請進。」推開漆成藍綠色的木門，我進入這個被Traveler's Notebook迷喻為聖地的Traveler's Factory。開門的這位先生負責產品開發，隨後負責企劃以及業務的人員也陸續抵達。

雖然店不大，但由於挑高的關係，看起來空間感十足，而這空間又塞了滿滿的商品，不僅限於TN周邊商品，就連衣物、包包、老底片相機都有，甚至還有一座放滿與旅行相關書籍的書櫃，每個角落都讓人想仔細觀看，感覺能逛上很久的樣子。

先說我最感興趣的一個陳列區吧。由於Traveler's Factory不定期會舉辦一些活動，例如最近舉辦銀製手鐲的體驗活動，於是展示出相關的產品，像是印上Traveler's Factory字樣的銀手鐲等，因此在這個陳列區的東西會不時

一樓的販賣區，只要與旅行相關的商品都有。

更換，而且是其他地方看不到的產品。非常態商品陳列的地方還有一處，目前展示的是選自印度的一些東西。

「像這樣搭配不同國家的商品也好，商品本身的選擇也好，就是有一種說不上來的旅行感。」我說。

「的確，這間店的裝潢、陳設等等，就是圍繞在『旅』這個字上，因此就算不是我們公司的產品，只要符合這樣的氛圍，也會介紹給客人。」

「而且有時候客人會提供我們有關產品方面的建議，有些我們覺得不錯的建議就會把它商品化。」負責企劃的小姐一邊

Traveler's Factory二樓的空間可作為休憩用，是個溫暖的小地方。

說著，從架上拿了一些商品，「例如這個能夠插筆的夾子以及塑膠夾鏈袋內頁、或是紙做的小口袋，都是根據客人的建議而開發。」

「有許多使用者也都自行改造出類似的東西，不是嗎？」

「確實如此，這也是Traveler's Notebook的精神之一，可以讓使用者依自身需求來改造自己的筆記本。」聽到這裡，我的視線不自覺停留在一塊展示許多改造範本的展示牌上。

接著，我還看了販售小吊飾的區域，他們向我說明，這些吊飾的材質與Traveler's Notebook上用來固定鬆緊帶的金屬塊是相同的，也向我介紹了一些人氣款式。來到櫃檯附近時，我發現一個放在不起眼角落的小冰櫃，就像是以前雜貨店用來冰飲料的那種。冰櫃裡面放了幾瓶飲料，看來應該不是店內的裝飾品，雖然它以作為裝飾品來說確實夠格。

「你們在店內也販售飲料啊？」

「有賣喔，但飲料要在樓上喝。如果可以的話，我們上去二樓看看吧。」

通往二樓的樓梯有些陡，木作階梯踩起來的聲音特別大聲，很有老房子的味道，就連樓梯也是只有在老房子裡才看得到的斜度。樓梯旁掛了許多裝裱的相片，一瞥之下，我只識得Joe Strummer以及Tom Waits。

二樓有幾張頗具使用感的桌椅、還有一盆放在全室陽光最充足角落的仙人掌，雖然空間不大，但這種程度的狹小感，剛好能讓人放鬆下來。由於前陣子才剛辦完一年一度的繪明信片比賽，因此有兩面牆上張貼著入選的明信片作品，我知道有不少台灣的朋友也入選了。

「這個空間除了是我們辦活動的場地，客人們也可以在這裡休息、喝飲料，或是寫旅行日記，因此在桌上提供了一些文具。」

「對了，你們為什麼會把店址選在這麼……不熱鬧的地方？」雖然用「不熱鬧」這個詞聽起來有點失禮，但我還是問了。

「其實我們是想要讓來訪的人有一種旅行的感覺。想像一下，為了來到這裡，必須事先調查好地點，因為不是那麼好找，來的途中還要不時拿地圖出來確認，這整個過程不就像是旅行嗎？」

「真的是這樣！」我不禁脫口而出。「而且，我第一次來的時候還找不到呢！」當我這麼說時，大家都笑了出來，還連說了幾聲抱歉。

接著負責業務的先生又補充：「剛才提到店址的問題，我們當初也有點想把這間店營造成秘密基地的感覺，就像我們小時候會在某個秘密場所放置玩具或是收集而來的東西一樣，因此才沒有把店開在熱鬧的地方。」

這時候我突然想到什麼。「我知道你們允許客人在不妨礙其他人的情況下，可以在店內拍照，這與一般店家禁止拍照的做法很不一樣。」

左：波拉克風格的筆記本封面改造。右：Traveler' s Notebook的精髓就是動手改造，店內還有筆記本改造範例。

「在觀光景點不都會拍照留念嗎？同樣的，我們也把這裡當做景點，讓來這裡旅行的客人能自由拍攝，留下紀念。而且就商業上來說，客人拍照後上傳到網路，也能對我們帶來宣傳效果。」

允許客人拍照的原因，果然如我猜想的一樣，但我沒想到的是這間店——或許不該稱它是間店而是一處景點，竟然能把旅行的概念如此徹底的帶入，與Traveler's Notebook的商品形象做了非常緊密的結合。若是不知道這些企劃上的考量，來到這裡可能只會覺得它的東西很多、有很濃厚的旅行風、逛起來很自在而已；但是了解Traveler's Factory的概念之後，更能體會到他們在許多小地方的用心之處。下次，當您也打算前來Traveler's Factory時，不妨懷抱著旅行的愉悅心情，或許會有不同的體驗和感受。

在逗留一個多小時之後，時間已接近中午。我心想，該是離開的時候了，他們應該還要進行開店的準備吧。逛著逛著，不知不覺中也有點旅行的氣氛了，不過，這還真是一趟愉快的旅行呢！

23

文　具　景　點

中目黑漫遊

由中目黑、代官山、惠比壽所構成的三角地帶，
是我在東京最喜歡的區域之一……

左：三月中旬早開的目黑川櫻花。
右：逛完Traveler's Factory以後，還可以來ハイジ（ha-i-ji）找些改造用的小配件。有些小珠子、鈕扣、別針還滿特殊的。

由中目黑、代官山、惠比壽所構成的三角地帶，是我在東京最喜歡的區域之一。挑個舒適的日子來這裡散步，可以品嘗到正統且價格合宜的法國料理、在舒服的書店中閱讀、在別具特色的店中學習時尚，體驗這種成熟的休閒氛圍。

在櫻花綻放的美景中

Traveler's Factory就位於中目黑車站附近，如果知道路的話，其實走個幾分鐘就到了。中目黑最著名的莫過於目黑川的櫻花，每當花季來臨，河岸旁的櫻花倚水綻放，有著垂柳的姿態且更加嬌豔，是著名的賞櫻勝地。到了晚上，燈光照射下的櫻花又展現了不同風貌，因此，目黑川的夜櫻在東京地區頗負盛名。

中目黑同時也是家具、雜貨的激戰區，在這裡可以找到不少有特色的商店。距離Traveler's Factory不遠處，有間專賣雜貨以及

上：目黑銀座裡的知名甜點店Patisserie Potager。左下：目黑銀座裡有一些不錯的店，時間夠的話可以慢慢逛。右下：在目黑銀座裡一棟覆滿植物的大樓，是名副其實的「綠建築」，冬、夏兩季有著不同面貌。

手藝材料的店家叫作ハイジ，它在一棟建築物的二樓，招牌不明顯，因此容易錯過。

如果對改造Traveler's Notebook有興趣的朋友，來這裡應該能找到不少配件。而這家店所在的地方是被稱為「目黑銀座」的商店街，這條商店街的長度頗長，裡面也有幾家雜貨店，但我覺得有些店家的售價稍微昂貴了點，因此在逛的時候要注意一下價格。

閒晃之後的美食選擇

此外，過了目黑銀座三番街之後，有家以蔬果製作甜點的知名蛋糕店，店名叫作Patisserie Potager（パティスリー・ポタジエ），主廚名叫柿沢安耶，經常出現在平面以及電視媒體上。

如果來到中目黑，又不想花太多時間找吃的東西，位於車站附近的三矢堂製麵是不錯的選擇。這家店販售的是沾麵，而且以柚子香味的湯頭見長。在他們的沾麵當中，最特殊的莫過於起司沾麵，食用之前先把起司醬與麵條拌勻，再沾著柚香沾汁吃，這樣的組合雖然聽起

左：不想花時間找吃的，可以來三矢堂解決，柚子風味的湯頭是其招牌。右：這是所有配料都有的沾麵，沾汁可以做成熱的，對不習慣傳統常溫沾汁的人來說接受度較高。

左：人行道上的石頭還附有繫繩栓，做成小狗的樣子很可愛，用途也一目了然。右：一般的TSUTAYA店標。

來有些不可思議，但卻意外的好吃。吃完麵之後，還可以在沾汁中加入割りスープ，頓時就能變成一碗熱騰騰又好喝的湯。此外，一般沾麵的沾汁都是微溫，但這家店在點餐時能讓客人選擇沾汁的溫度，要點熱的也可以，是一項貼心的服務。

一路往代官山

既然來到中目黑，我建議可以往代官山的方向稍微走遠一點，離車站大約十分鐘左右的路程就可以走到蔦屋書店。

蔦屋書店這名字或許有人不熟，但去過日本的朋友應該都對於藍底黃字、寫著TSUTAYA的招牌有些印象吧。蔦屋書店就是以「大人的TSUTAYA」為概念所規劃出來的一間大型書店。它由三棟白色建築物構成，每棟建築物之間有迴廊相連，書店內不只書籍，同時也販售影像、音樂著作，當然也沒漏了文具。在三號館的一樓有塊不算小的文具區域。除了一般常見的商品外，也有些較少見的文具，來到這裡可別錯過。

蔦屋書店裡面還設有販賣飲食的商店，甚至連Family Mart都有，其中我最喜歡的是二號館樓上的LOUNGE，雖然未曾在那裡用餐，只是路過時的一瞥，然而我卻立刻被溫暖的光線、舒服的椅子，以及被書香與咖啡香包圍的感覺給征服了，心想一定要規劃到下次的行程中。蔦屋書店從早上七點開到凌晨兩點，部分樓層則是從早上九點開放，能夠同時討好早起的鳥兒以及夜貓子。

蔦屋書店一大早就開了，還可在店內吃個早點，讓一天就從咖啡香與書香中開始。書店外牆以TSUTAYA字首的「T」交疊而成。

24

文具收藏者的阿基里斯腱

只要是收藏者，看到絕版、限量、復刻，或是具有特殊性的物品，幾乎立刻乖乖掏錢購買……

對於文具收藏者而言，「絕版」、「限量」、「復刻」以及「特殊性」，就像在希臘神話中，阿基里斯擁有刀槍不入的身體，卻在腳踝附近有唯一的弱點，也就是被稱為「阿基里斯腱」的地方。

只要是收藏者，看到絕版、限量、復刻，或是具有特殊性的物品，幾乎立刻乖乖掏錢購買。其實不僅是收藏者，一般人也有這樣的弱點，看到某某限定的東西，總會有特別想要購買的欲望。只是，這幾個罩門對一般人的影響力或許有限，但以收藏為樂的人，卻因此花上不少金錢與心力。最近與一位文具收藏同好聊天，他問我有沒有買過讓自己後悔的筆。

我回答：「沒有，會後悔的只有因為買太貴！」

後來我仔細想了想，發現在那些收藏品中，總有些文具，只在剛買來時稍微把玩，之後幾乎就再也沒拿出來過，甚至忘了它的存在。換個角度來想，這應該也算是一種後悔吧。

右圖：在絕版品中也有關注度高的熱門商品，要購入這些文具得要先有花錢的心理準備（圖中為Pilot Automac）。

剛開始收藏文具時，我也一直往「絕版」、「限量」、「復刻」、「特殊性」這幾個方向去搜羅，大部分的收藏者都是這樣展開他們的收藏生涯。若以收藏的保值性而言，從這些方向來收藏「大概」不會有什麼問題，但在這麼做之前，應該先停下來想一想，自己收藏的原點是想拿來交易賺錢？還是出於欣賞？或是兩者兼具？

因應這樣的情況，自然而然的也有「文具掮客」這號人物出現。從某些方面來看，他們確實有存在的價值，否則我們恐怕也無法收集到想要的東西，只不過以這種管道購買時就必須對市場資訊有充分的了解才行。

了解自己的收藏動機與方向

我剛開始收集文具時，家裡連網路都沒有，網路在台灣社會也仍不普及。在無法獲得足夠資訊的情形之下，只能以「盲目收藏」的方式進行。隨著日子愈久，看的東西愈多之後（加上網路也發達了！），漸漸地，我對一些別人不注意，或是未被炒作的筆感到興趣，這時候也發現自己對於某些類型的筆或是文具特別偏愛，才真正了解想要收藏的方向。相較之下，現在的人就幸運多了，藉由網路無遠弗屆的力量，不需要多繞遠路，就能找到心中的逸品。

網路提供了相當豐富詳盡的資訊，像我曾在日本某金融機構所寫的一份產業評估報告中看到Hi-Uni 5050的分析，內容雖然有些模糊了，但仍記得對於Hi-UNi 5050的生產背景以及它最著名的出芯構造做了一番介紹。類似這種意料外的資訊只要在網路上深掘都有可能找到。

多看、多比較

我建議各位盡量充實資訊，但不要看到喜歡的文具就馬上下手，更不要被「絕版」、「限量」、「復刻」、「特殊性」這幾個字眼迷惑而瘋狂搶購。尤其現在許多文具廠商把「限量」、「復刻」當作行銷策略操縱過頭，甚至看到限量版賣得不錯，就

日本第一支自動鉛筆的復刻版。復刻商品在文具中較少出現，這支自動鉛筆是其中之一。

讓它變成常規商品販售，反而失去讓人收藏的動力，剛開始收藏文具的人很容易在這些充滿誘惑的字眼上迷失方向。

不妨多累積一點「看」的經驗，了解自己的喜好再去收集，不僅可以少花點冤枉錢，在整個收集過程中，感覺也會更加從容，不會有那種要趕快「搶」到某某限定款的壓力。

如果你的錢包和哆啦A夢一樣有著四次元深度的話，那又另當別論。我曾在國外拍賣網站上看過一個阿拉伯人，向一位開價頗高的賣家購入許多筆，或許人家有的是石油，沒有的是時間去慢慢找筆啊！

文具的種類繁多，說不定已是地球上生態最豐富的「物種」了，要想東沾一點西碰一塊，真的會有身陷五

來自阿拉伯的文具收藏家就曾以超出行情的價格標入這系列自動鉛筆（Tombow Variable，一套三支）。

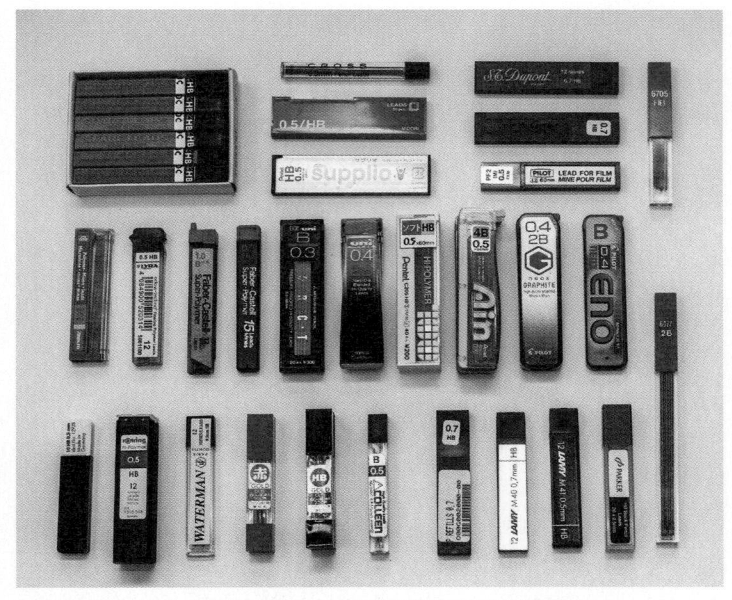

找出自己的收藏方向才是最重要的，就算收集自動筆芯也沒什麼不可以！

里霧的感覺；最糟的是，還一直在外圍打轉，無法深入核心。藉由「看」這件事，就好比先把挖寶地圖記在腦中，或是帶了GPS定位系統在身上，當別人還在繞圈圈時，你已經看到自己想要的風景！

說到這裡，我就不得不佩服日本文具收藏家了。我看過有些日本人專門收集趣味文具，有人收集迷你文具，有些則收集超薄文具或是文具組等等，專精於某一領域，且鑽研得很深入。這些文具都是大冷門，沒有人炒作，但看了他們的收藏之後，卻令我打從心底尊敬起來，而這也是我稱他們為文具收藏「家」的原因。他們不只找到自己獨一無二的風景，還造了座美麗的花園！

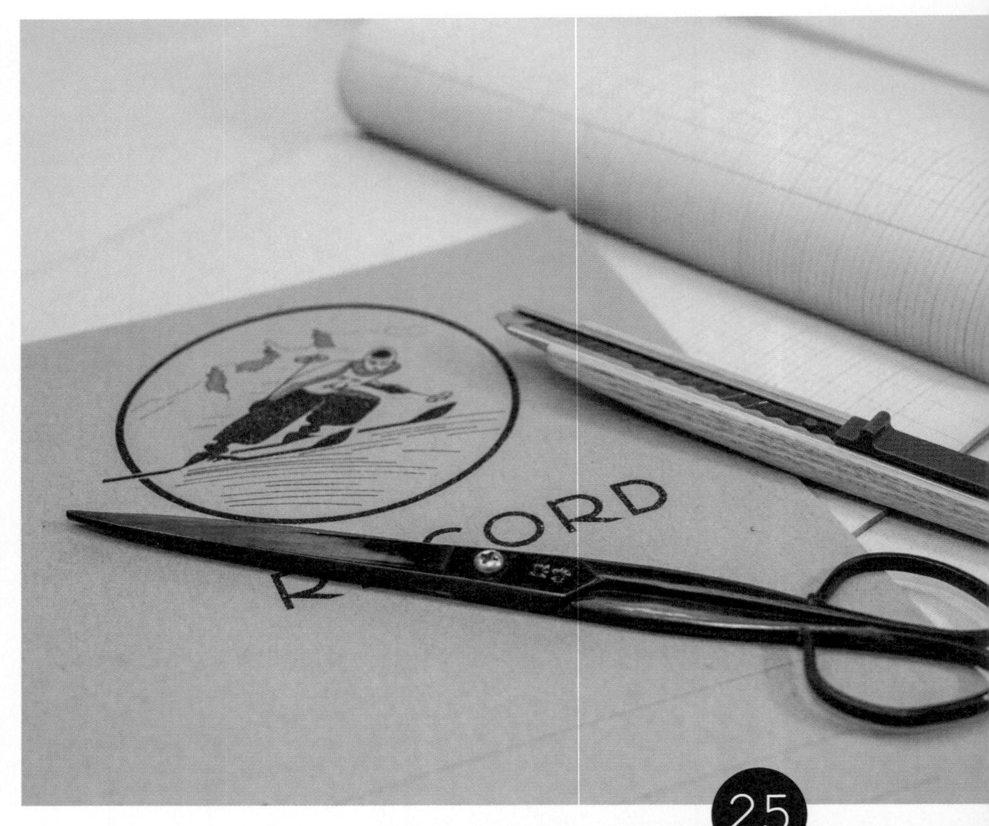

25 文具的溫度

我喜歡老文具，雖然有大半的因素是因為老文具比較精采之外，在老文具上，我也比較容易感覺到溫度。這應該就是「歲月感」的關係吧……

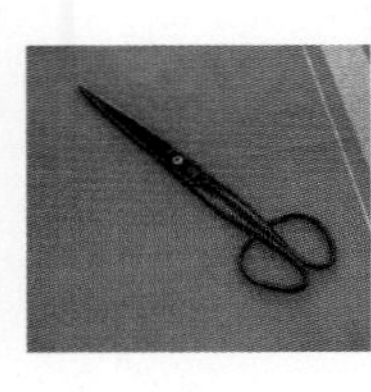

左：在跳蚤市場購入的剪刀，有種陳年的光澤感。右：早期的法國筆記本。

「溫暖的文具」這個說法實在厲害，只用幾個字就把許多曖昧難懂、說不清楚的有關文具的描述，全都打包起來。這個說法也不只用在文具上，談到其他生活道具時也經常聽到這種說法。在工業設計中，有特別的研究方法在探討如何做出具備這類情感特質的設計，例如看起來有安全感的汽車。

令人感覺溫暖的文具

文具為何讓人感到溫暖？我們姑且不從造型如何設計、材質如何搭配……這些細節來談，先從感性的角度看待這個問題，這樣也較容易了解。而且我也相信，這些與感性相關的因素才是一項產品最強大的部分，甚至具有凌駕一切的力量。

我喜歡老文具，雖然有大半的因素是因為老文具比較精采之外，在老文具上，我也比較容易感覺到溫度。這應該就是「歲月感」的關係吧。一把二、三十年前的黑色鐵製剪刀，染黑的刀身有些褪色，變成一種難以言喻、帶有金屬光澤的褐色，握柄也因長久使用而磨亮了……歲月在這把剪刀上帶來的不只是化學上或物理上的變化，也醞釀成一種氛

小時候第一個擁有的鉛筆盒就是這個。在書包中碰撞下有時候盒蓋會打開，筆都掉出來，所以我都用橡皮筋把鉛筆盒束起來。很陽春的筆盒，卻帶給我最豐富的回憶。

園，讓冰冷的金屬製品也能令人感到溫暖。

我有一本來自法國的筆記本，是數十年前學童用的本子，當時的小孩現在應該已經是阿公或阿嬤了。在這本筆記本上，同樣可以看到歲月留下的痕跡——封面有些褪色，濛濛的看起來像是罩著一層灰；泛黃的內頁以及古紙特有的味道，這一切都轉化成「溫暖」這個詞。原來我愛老文具還有一大半的原因，是來自於歲月感帶給人的溫度。

大掃除時偶爾會找到小時候用過的玩具或文具。一旦發現它們，我總不禁放下打掃工作，進入回憶的時光隧道。若是在跳蚤市場或網路拍賣上看到幼時的文具，即使並非親身使用過，也一樣令人懷念，只因為「回憶」的進駐，再不起眼的文具也令人感到溫暖。

有一次，在網拍上發現一個鉛筆盒，是我小時候曾用過的那種，於是就立刻把它買回去收藏。依據我那已經不牢靠的印象，這應該是我第一個使用的鉛筆盒，而且好像還是誰用過之後我再接收來用，不是全新的。這款鉛筆盒就只是兩塊由塑膠製成的上下蓋，塑膠的顏色也是在目前的塑膠製品上少見的，不僅鉛筆盒本身的造型復古，就連顏色也復古。這種鉛筆盒裡面通常會附上可以畫出幾何圖形、數字以及四則運算符號的塑膠尺，尺的一邊有刻度可以畫直線、另一邊可以畫波浪線，只不過要用畫波浪線的那一面，在書上畫重點則行不太通，因為波浪的起伏太大，無法容納在小小的行距中。我倒是記得經常用直尺的那一面畫線，畫到尺的邊緣都被筆芯弄黑，這時候就會在課本或是筆記本的邊緣把弄黑的部分刮一刮，但也在書上留下一道道難看的痕跡，也因此被唸過幾次。嚴格來說，鉛筆盒裡並沒有可以固定筆的東西，只有一排溝槽可以象徵性的避免筆亂動，如果筆太多的話需要放兩層，就會用附上的尺當層板，當時的鉛筆盒也沒附上說明書，教人如何使用，但還是小學低年級的我，就已經能夠想出這些變通方式了。

雖然以現在的眼光來看這只是簡陋、甚至粗糙的文具，但過往回憶使我在看到它們時，心頭仍一陣發熱。

「手作感」文具

擁有「手作感」的文具也很容易讓人覺得溫暖，而這股熱度或許在職人製作之時，就已透過雙手灌注到文具之中，有點像是注入靈魂的感覺，使手作文具特別具有個性。此左．中：我改良了一般筆袋與捲式筆袋的缺點，產生出這個筆袋式作品第一號。中間的可翻頁部分使用黃銅作為轉軸，兼具視覺效果。內頁規劃各種空間，可插筆、插名片、放尺、以及收納便條紙等等，可發揮自己的想像力來應用。右：自製的木質美工刀，慢慢刨削出握起來感到最舒服的曲線。

外，在手作文具上也經常可以看到設計者，在一些我們平常沒注意到的小地方發揮巧思，這也是能讓人感覺到溫暖的地方。

雖然無法如機器生產可以做到盡善盡美，然而手作文具給我一種特別的感覺，就算是新品，也好像是之前已用過許久一般，幾乎沒有磨合期，自然而然，也會想要經常使用它。我覺得不只是文具，東西就是要經常使用，才能與它培養出感情，這點有些人聽起來或許會嗤之以鼻，認為東西又不是活的，怎麼去培養感情；如果這麼想的話，那東西就真的死了。現在的文具有許多是因著快速消費的潮流下所生產，消費者也不會持有太長時間，新產品一推出就重新購入，既不環保又助長快速消費的風氣，讓真正用心製作的商品，愈來愈沒有生存空間。手作文具也因此在市場上漸漸消失，目前看得到的大多是鋼筆等高價文具，文具愛好者們想要體驗手作文具的機會變少、門檻也提高了，有點可惜。

我和我老婆都對手作有濃厚的興趣，我主要負責細木作與漆藝，她則是做皮件與縫紉，有不少家具以及生活道具都是我們自己打造出來，其中當然也少不了文具。自己製作的理由有部分是找不到理想中的文具，有些時候則是突然有點子冒出來，所以就自己構

思、設計。例如木製美工刀，我雖然已經有一把，也很喜歡這種把木頭握在手中的感覺，只不過原本的刀身設計太方正，握起來還是有點不舒服，因此就自己做了一把以曲面做為造型的木製美工刀，為了做出能舒適握持的造型，反覆修整了老半天。雖然東西小、作業卻更加困難，不過還是很有趣，才剛做完，就已經在想下一個版本要如何改進。

有一次看書時，突然興起一個靈感，想製作一個能像書頁般翻動的筆袋，於是和老婆一起討論，設計完成後就由她製作。由於傳統筆袋的容納空間單一，若要放入不同種類的文具較不方便，也因為只有一個放置空間，光是找支筆就要花點時間在許多文具中翻動，有時候又像是在玩捉迷藏一樣，怎麼翻找就是找不到那支筆。捲式筆袋雖然攤開後所有的文具一目了然，但是攤開筆袋又會佔掉許多桌面空間；若捲起來之後想拿東西又得把它攤開。因此，如果筆袋能像書本一樣，具有可翻動的「內頁」，應該可以在體積不至於變大的情況下保有相當容量，也便於快速拿取文具，還可以規劃不同的收納空間，不只筆類文具、其他文具也可放進去。但是當它完成後，我突然想到一件不妙的事，既然這是老婆做的，那豈不是不用也不行呢……

金ペン堂 p.131
東京都千代田区神田神保町1-4 03-3293-8186

文房具Café p.133
http://www.bun-cafe.com/
東京都渋谷区神宮前4-8-1 内田ビルB1F 03-3470-6420

MARK'STYLE TOKYO（表參道之丘店） p.143
http://www.marks.jp/
東京都渋谷区神宮前4-12-10　表参道ヒルズB3F 03-3478-5337

Delfonics（表參道之丘店） p.143
http://www.delfonics.com/
東京都渋谷区神宮前4-12-10　表参道ヒルズB3F 03-5410-0590

Assist On p.145
http://www.assiston.co.jp/
東京都渋谷区神宮前 6-9-13 03-5468-8855

Freiheit p.147
http://www.freiheit-net.com/
東京都渋谷区神宮前4-31-16　原宿80ビル2F 03-3401-2050

Traveler's Factory p.149
http://www.travelers-factory.com/
東京都目黒区上目黒3-13-10 03-6412-7830

蔦屋書店 p.160
http://tsite.jp/daikanyama/store-service/tsutaya.html
東京都渋谷区猿楽町17-5 03-3770-2525

附錄 日本文具漫步地圖

螢窗舍 p.37
http://keisosha.com/
東京都北区田端4-3-3 MARUIKE HOUSE 201号室

ハチマクラ p.51
http://hachimakura.com/
東京都杉並区高円寺南3-59-4 03-3317-7789

36 Sublo p.56
http://www.sublo.net/
東京都武蔵野市吉祥寺本町2-4-16 原ビル２Ｆ 0422-21-8118

Youipress p.56
http://www.youipress.com/
東京都武蔵野市吉祥寺本町2-15-32 0422-23-8231

Giovanni p.57
http://www.giovanni.jp/
東京都武蔵野市吉祥寺本町4-13-2 0422-20-0171

Free Design p.57
http://freedesign.jp/
東京都武蔵野市吉祥寺本町2-18-2-2F 0422-21-2070

世界堂（新宿本店） p.60
http://www.sekaido.co.jp/
東京都新宿区新宿3-1-1世界堂ビル 03-5379-1111

Tools（Lumine Est店） p.61
http://www.tools-shop.jp/
新宿駅東口駅ビル ルミネエスト6F 03-3352-7437

文房堂 p.126
http://www.bumpodo.co.jp/
東京都千代田区神田神保町1-21-1 03-3291-3441

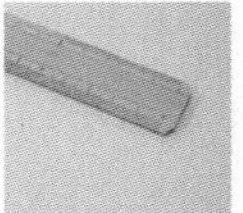

國家圖書館出版品預行編目資料

文具病：愛文具、玩文具、品文具，以文具傳達生活態度的25種可能 / 沈昶甫（Tiger） 著.--初版.--臺北市：平裝本. 2013.4 面；公分（平裝本叢書；第380種）（iCON；35）
ISBN 978-957-803-859-2（平裝）
1.文具

479.9 102002969

平裝本叢書第380種
iCON 35

文具病

愛文具、玩文具、品文具，以文具傳達生活態度的25種可能

作　　者—沈昶甫（Tiger）
發 行 人—平雲
出版發行—平裝本出版有限公司
台北市敦化北路120巷50號
電話◎02-27168888
郵撥帳號◎18999606號
皇冠出版社(香港)有限公司
香港上環文咸東街50號寶恒商業中心
23樓2301-3室
電話◎2529-1778　傳真◎2527-0904
責任主編—龔橞甄
責任編輯—徐凡
美術設計—程郁婷
著作完成日期—2013年02月
初版一刷日期—2013年04月

法律顧問—王惠光律師

讀者服務傳真專線◎02-27150507
電腦編號◎417035
ISBN◎978-957-803-859-2
Printed in Taiwan
本書定價◎新台幣320元/港幣107元